INSTALAÇÕES ELÉTRICAS RESIDENCIAIS BÁSICAS
PARA PROFISSIONAIS DA CONSTRUÇÃO CIVIL

Esta obra tem o apoio da ABEE-SP

Associação Brasileira de Engenheiros Eletricistas

Os editores

Manoel Henrique Campos Botelho
Márcio Antônio de Figueiredo

INSTALAÇÕES ELÉTRICAS RESIDENCIAIS BÁSICAS
PARA PROFISSIONAIS DA CONSTRUÇÃO CIVIL

De acordo com a norma
ABNT NBR 5410/2004 - Instalações Elétricas de Baixa Tensão

Instalações elétricas residenciais básicas para profissionais da construção civil

© 2012 Manoel Henrique Campos Botelho
Márcio Antônio de Figueiredo

3ª reimpressão – 2017

Editora Edgard Blücher Ltda.

Blucher

Rua Pedroso Alvarenga, 1245, 4º andar
04531-934 – São Paulo – SP – Brasil
Tel.: 55 11 3078-5366
contato@blucher.com.br
www.blucher.com.br

Segundo o Novo Acordo Ortográfico, conforme 5. ed. do *Vocabulário Ortográfico da Língua Portuguesa*, Academia Brasileira de Letras, março de 2009.

É proibida a reprodução total ou parcial por quaisquer meios sem autorização escrita da editora.

Todos os direitos reservados pela Editora Edgard Blücher Ltda.

FICHA CATALOGRÁFICA

Botelho, Manoel Henrique Campos

Instalações elétricas residenciais básicas para profissionais da construção civil / Manuel Henrique Campos Botelho, Márcio Antônio de Figueiredo. – São Paulo: Blucher, 2012.

ISBN 978-85-212-0672-9

1. Engenharia 2. Instalações elétricas 3. Instalações elétricas – Problemas, exercícios etc. I. Figueiredo, Márcio Antônio. II. Título.

12-02995	CDD-621.31924

Índice para catálogo sistemático:

1. Instalações elétricas prediais: Engenharia   621.31924

Apresentação

Este livro tem o objetivo de apresentar como livro de primeiro grau o assunto Instalações Elétricas Residenciais, um livro ABC, portanto.

O assunto **Instalações Elétricas Residenciais** é importante para técnicos, tecnólogos, engenheiros civis e eletricistas, arquitetos e construtores. Nada, portanto, mais importante que apresentar e discutir com esses profissionais assunto tão necessário.

Chamamos de **instalações elétricas residenciais** aquelas que atendem desde casas simples até grandes residências, desde que não existam nelas motores de porte para acionar elevadores e outros equipamentos que demandam alta potência.

Sendo um livro ABC é importante:

- consultar sempre as normas técnicas aplicáveis,
- evoluir no estudo para livros de aprofundamento.

Este presente livro reúne as experiências de dois profissionais profundamente engajados com a Construção Civil e a Engenharia Elétrica. O fruto da experiência de ambos está refletido no texto.

As normas NBR 5410 e NBR 5419 da ABNT – Associação Brasileira de Normas Técnicas têm sofrido várias modificações e acréscimos e honram a engenharia brasileira com os cuidados que tomam com o assunto, procurando cercar as instalações elétricas residenciais e outras, dos cuidados que o assunto merece.

Agora é desejar uma boa leitura para os colegas.

Os autores
junho, 2012

Para manter contato com os autores, favor enviar e-mail para:

Eng. Manoel Henrique Campos Botelho
e-mail: manoelbotelho@terra.com.br

ou para:

Eng. Márcio Antônio de Figueiredo
e-mail: enertec@uol.com.br

ou preencher a folha "Contato com os autores" no final do livro.

Curriculum dos autores

MANOEL HENRIQUE CAMPOS BOTELHO é engenheiro civil, formado em 1965 na Escola Politécnica da Universidade de São Paulo.

Participou de obras públicas e particulares de pequeno, médio e grande porte. É um dos autores da coleção *Concreto Armado - Eu te Amo*. Hoje é perito, árbitro, mediador e autor de livros técnicos.

MÁRCIO ANTÔNIO DE FIGUEIREDO é engenheiro eletricista, formado pela FEI em 1977.

Engenheiro de projetos nas áreas de instalações elétricas prediais, industriais, e de sistemas do potência. Sócio-diretor da Enertec Engenharia Ltda.

Entidades em que participa:

- Instituto de Engenharia, onde foi coordenador da Divisão de Aplicações de Eletricidade e Diretor do Departamento de Engenharia Elétrica.
- ABEE – Associação Brasileira de Engenheiros Eletricistas.
- COBEI-ABNT, nas comissões de revisão das normas de instalações elétricas e sistemas de aterramento.

Apoio ABEE – SP

O presente livro apresenta conceitos básicos para entender de forma simples como devem ser executadas as instalações elétricas residenciais em baixa tensão.

O trabalho aborda os componentes principais dessas instalações, desde a entrada de energia até a distribuição dentro das residências.

Uma importante contribuição do livro é o Capítulo 14, referente a perícias nas instalações elétricas, um assunto previsto nas normas e ainda pouco disseminado no mercado.

São abordados também detalhes técnicos que devem ser observados ao longo do processo de implantação para interpretar corretamente as diversas etapas, permitindo a execução do serviço com segurança para as próprias instalações e seus usuários.

Sua leitura deixa transparecer que a existência de um projeto elétrico previamente elaborado é indispensável à execução das instalações.

A ABEE-SP parabeniza os autores, sócios desta entidade, pela presente obra, pois certamente será referência técnica para seus leitores.

Eng. Victor M. A. S. Vasconcellos
Presidente da ABEE – SP

Homenagens

A meu pai, Antônio Figueiredo,
filho de imigrantes portugueses,
expedicionário da FEB,
que sempre me estimulou a ter gosto pelos estudos,
pelos desafios e a encarar os problemas
e dificuldades com serenidade e espírito esportivo.
M. A. de Figueiredo

Ao físico Roberto Salmeron, cujo livro *Introdução a eletricidade e ao magnetismo*, escrito para estudantes, abriu minha mente para essas duas interessantíssimas matérias
M. C. H. Botelho

Conteúdo

APRESENTAÇÃO 4

CURRICULUM DOS AUTORES 7

APOIO ABEE 8

HOMENAGENS 9

1   COMO CHEGA A ENERGIA ELÉTRICA NAS EDIFICAÇÕES 15

2   AS PARTES E OS COMPONENTES DA INSTALAÇÃO ELÉTRICA 23

    2.1   CHEGADA DE ENERGIA 23

    2.2   QUADROS DE DISTRIBUIÇÃO 25

    2.3   CONDUTORES 27

    2.4   ELETRODUTOS 28

    2.5   CAIXAS DE PASSAGEM 29

    2.6   INTERRUPTORES 30

    2.7   SECCIONADORAS 30

    2.8   DISPOSITIVOS DE PROTEÇÃO CONTRA SOBRECORRENTE... 31

    2.9   DISPOSITIVO DE PROTEÇÃO A CORRENTE DIFERENCIAL RESIDUAL (DR) 32

    2.10   DISPOSITIVOS DE PROTEÇÃO CONTRA SURTOS (DPS) 33

    2.11   TOMADAS 34

    2.12   APARELHOS 35

       2.12.1   LÂMPADA INCANDESCENTE 36

	2.12.2	LÂMPADA FLUORESCENTE	36
	2.12.3	CHUVEIRO ELÉTRICO	36
	2.12.4	RÁDIOS, TV, VENTILADORES	37
	2.12.5	EMENDAS	37
3		DIVISÃO EM CIRCUITOS	41
4		ATERRAMENTO, NEUTRO E CONDUTOR DE PROTEÇÃO	45
	4.1	ESQUEMAS DE ATERRAMENTO	45
	4.2	ELETRODO DE ATERRAMENTO	46
	4.3	O NEUTRO	47
	4.4	O CONDUTOR DE PROTEÇÃO	48
	4.5	EQUIPOTENCIALIZAÇÕES	49
5		PARA-RAIOS	51
	5.1	CAPTORES	51
	5.2	DESCIDAS	52
	5.3	ATERRAMENTO	52
	5.4	INSPEÇÃO	53
	5.5	DOCUMENTAÇÃO TÉCNICA	53
	5.6	CAPTORES COM ATRAÇÃO AUMENTADA	53
	5.7	PARA-RAIOS EM RESIDÊNCIAS	54
6		INSTALAÇÃO EM BANHEIROS	55
7		VAMOS ACOMPANHAR O FUNCIONAMENTO DO SISTEMA PREDIAL, DO RELÓGIO DE LUZ ATÉ OS PONTOS TERMINAIS DE CONSUMO.	57
8		INTERPRETANDO UMA CONTA DE LUZ RESIDENCIAL – VARIAÇÃO DE CONSUMO MÊS A MÊS	61
9		COMO CONTRATAR OS SERVIÇOS DE INSTALAÇÃO ELÉTRICA DE UMA RESIDÊNCIA – FAREMOS PROJETO?	65
10		COMO TESTAR E RECEBER UMA INSTALAÇÃO ELÉTRICA	69
11		ERROS EM INSTALAÇÕES ELÉTRICAS	71
12		PERGUNTAS E RESPOSTAS SOBRE INSTALAÇÕES RESIDENCIAIS	75

Conteúdo

13	SIMBOLOGIA DOS DESENHOS ELÉTRICOS	87
14	PERÍCIAS EM INSTALAÇÕES ELÉTRICAS	89
15	INSTALAÇÕES ELÉTRICAS EM CANTEIRO DE OBRA	95
16	RELAÇÃO DE TERMOS TÉCNICOS E SUAS EXPLICAÇÕES	99
17	SUMÁRIO DE ELETRODINÂMICA	101
18	MAIS PERGUNTAS DOS LEITORES E RESPOSTAS	105
19	VÁRIOS ASSUNTOS	111
	19.1 LAUDO TÉCNICO SOBRE AS INSTALAÇÕES ELÉTRICAS DE UM PEQUENO PRÉDIO	111
	19.2 INTERPRETANDO OS DADOS DE UMA LÂMPADA INCANDESCENTE	113
	19.3 OS TRÊS PATINHOS FEIOS DOS SISTEMAS ELÉTRICOS: A LÂMPADA INCANDESCENTE, O BENJAMIM E O CHUVEIRO ELÉTRICO	114
	19.4 O TEMPO E AS INSTALAÇÕES ELÉTRICAS	115
	19.5 DIFERENÇA ENTRE NEUTRO E CONDUTOR DE PROTEÇÃO	115
	19.6 ANALOGIA ENTRE OS FENÔMENOS ELÉTRICOS E OS SISTEMAS HIDRÁULICOS	115
20	NORMAS APLICÁVEIS EM PROJETOS ELÉTRICOS	117
21	ENTENDER AS PRINCIPAIS UNIDADES DE MEDIDAS ELÉTRICAS E SEUS SÍMBOLOS	119
22	PROJETOS ELÉTRICOS PROGRESSIVOS	121
	22.1 CASO 1 – QUARTO E BANHEIRO	121
	22.2 CASO 2 – UMA CASO BEM POPULAR	123
	22.3 CASO 3 – E SE A CASA FOR MAIOR?	131
	22.4 LISTA DE MATERIAIS – CASO 2	131
23	TRANSCRIÇÃO DA NR 10	133
24	ÍNDICE DE ASSUNTOS	153
25	CONTATO COM OS AUTORES	155

1 COMO CHEGA A ENERGIA ELÉTRICA NAS EDIFICAÇÕES

Seja para as casas populares,

Seja para as casas de classe média,

Seja para as casas de maior poder aquisitivo,

As concessionárias entregam energia elétrica aos consumidores com as seguintes características:

A) A energia é alternada (voltagem oscilante)[1]

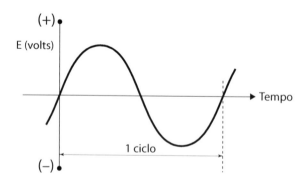

Energia alternada quer dizer que ela periodicamente tem um valor máximo positivo e máximo negativo.

---
[1] Pilhas e baterias são, ao contrário, exemplo de uso de corrente contínua.

B) A periodicidade é de 60 ciclos por segundo (60 Hz)[2]

Isso quer dizer que a cada segundo a energia passa sessenta vezes por um máximo positivo e sessenta vezes por um máximo negativo, ou seja, a cada segundo ocorrem sessenta ciclos de tensão (voltagem).

C) Tensão

As características de energia de serem tensão alternada e de 60 ciclos por segundo são constantes do sistema. O valor da tensão não. Cada tipo de consumidor é servido pela concessionária por um tipo de tensão. Grandes clientes (indústria, por exemplo) recebem a energia em alta-tensão. Pequenos clientes, como são os consumidores prediais, recebem energia na frequência de 60 Hz e nas tensões:

C.1) 115 V (dois condutores);
C.2) 230 V (dois condutores);
C.3) 230/115 V (três condutores);
C.4) 220 V (dois condutores);
C.5) 220/127 V (três condutores).

Os valores de tensão 127 e 220 V são padronizados pela ANEEL (Agência Nacional de Energia Elétrica).

Os valores de tensão aqui apresentados são valores eficazes. Para uma explicação sobre valores eficazes de tensão e de corrente, ver Capítulo 12, item 4.

Analisemos essas alternativas.

C.1) 115 V (dois condutores)

Neste caso, a residência recebe dois condutores:

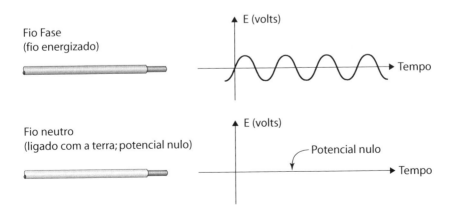

---

2 Hz = hertz

Admitiremos que a corrente elétrica entra pelo condutor fase e sai pelo neutro. Corrente elétrica no condutor de proteção (terra) só quando ocorre um defeito que deve ser sanado.

No sistema 115 V, a única tensão disponível é de 115 V. Exemplo:

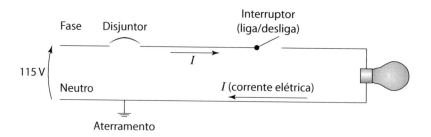

C.2) 230 V (dois condutores)

A residência recebe dois condutores fase. Analisemos o sistema com dois condutores:

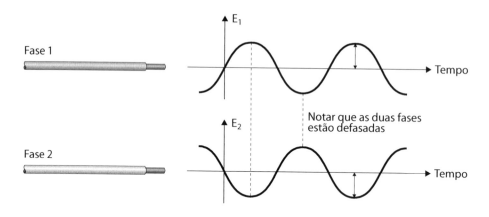

Neste caso, o valor eficaz da tensão é de 230 V e todo o sistema tem que estar preparado para isso. No sistema 230 V com dois condutores, lâmpadas, rádios, geladeiras, chuveiros, tem que ser todos aptos para 230 V, que será a única tensão disponível.

Algumas cidades têm esse sistema, como Santos, Jundiaí e São Sebastião, no estado de São Paulo. Todos os equipamentos elétricos para serem usados nessas cidades têm que estar adaptados para essa característica, ou seja, têm que poder trabalhar na tensão 230 V.

C.3) 230/115 V (três condutores)

No sistema 230/115 V, há dois condutores fase (energizados) e um condutor neutro (aterrado).

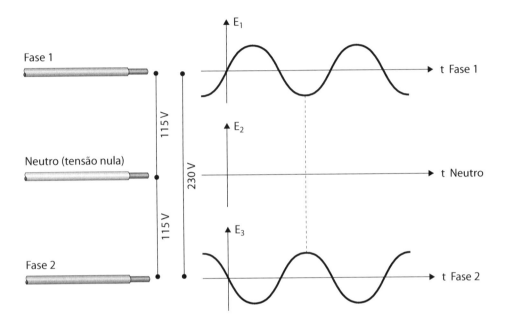

As duas fases estão defasadas, ou seja, quando uma fase está no máximo de uma tensão, a outra fase está no mínimo. Exatamente por isso que essa defasagem gera por centésimos de segundo a tensão máxima.

Se ligarmos fase com neutro, temos 115 V (valor eficaz) de diferença de potencial, e fase com fase temos 230 V (valor eficaz).

No tipo de instalação três condutores, temos a instalação mais flexível para usuário, pois temos à nossa disposição:

- tensão 115 V
- tensão 230 V

Normalmente ligam-se à tensão 115 V, os pequenos consumidores tais como:

- lâmpadas,
- rádio,
- televisão.

Ligam-se à tensão 230 V, os grandes consumidores residenciais como:

- chuveiro elétrico,
- máquina de secar roupa,
- aquecedor de água (boiler).

C.4) 220 V (dois condutores)

Este caso se dá em alguns municípios em que a tensão de distribuição da concessionária é trifásica, em 220/380 V.

A residência recebe dois condutores na tensão 220 V sendo um fase e o outro neutro.

C.5) 220/127 V (três condutores)

Este caso se dá nos municípios em que a tensão de distribuição da concessionária é trifásica, em 220/127 V.

No mais, o sistema se comporta da mesma forma que no na alternativa C.3, em que a residência recebe duas fases e o neutro.

Notas para todos os sistemas

1. Nos circuitos monofásicos, interruptor vai na fase, o neutro, na lâmpada.
2. É convencional se indicar correntes entrando pelas fases e saindo pelo neutro. Como a corrente é alternada, isso se inverte sessenta vezes por segundo (sessenta hertz).
3. Como as fases 1 e 2 são defasadas, quando uma fase expulsa corrente pelo neutro, a outra fase faz entrar corrente pelo neutro.

Veja

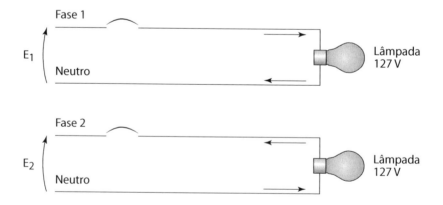

5. A luz da lâmpada e o aquecimento da corrente elétrica numa resistência (caso do chuveiro) independem do sentido da passagem da corrente elétrica.

1. Como Chega a Energia Elétrica nas Edificações

6. As tensões E1 E2 estão permanentemente defasadas.

7. Somente para residências de altíssimo nível, com equipamentos[3] de alta capacidade é que se torna inconveniente a alimentação com fase, fase, neutro. Usam-se então fase, fase e fase e neutro, sistema esse fora dos limites deste trabalho.

Mesmo para residências de alto nível, o sistema usado é o fase, fase e neutro, permitindo acionar os pequenos motores.

A analogia do condutor fase e condutor neutro pode ser feita com uma sala de espetáculos.

Na sala de espetáculos, por razões de segurança, a saída de assistentes não deve ter bloqueios ou obstáculos. É como o condutor neutro.

Na mesma sala de espetáculos, a entrada deve ter bloqueios e seletores para controlar e limitar o acesso de espectadores que realmente pagaram a entrada e em certos filmes impedir a entrada de menores. É o condutor fase.

O condutor de proteção (terra) é como a saída da tesouraria da sala de espetáculos. Estranhos saindo é sinal de alarme e aviso à polícia.

---

3 Bombas de piscinas, elevador residencial, por exemplo.

2 AS PARTES E OS COMPONENTES DA INSTALAÇÃO ELÉTRICA

Conhecida a filosofia básica dessas alimentações, vamos conhecer suas partes constituintes:

- Chegada de condutores elétricos da concessionária;
- Quadros de Distribuição;
- Condutores;
- Eletrodutos (protetores mecânicos da fiação);
- Caixas de passagem;
- Dispositivos de comando (liga, desliga - chaves);
- Dispositivos de proteção quando de sobrecarga ou curto-circuito (disjuntores ou fusíveis);
- Tomadas;
- Consumidores: lâmpadas, chuveiros, ventiladores, torneiras elétricas, máquinas de lavar roupa etc.

2.1 CHEGADA DE ENERGIA

A chegada de energia vem por uma derivação da fiação da concessionária e é fixada num poste. O poste pode ser de concreto ou metálico. O poste, embora tenha que obedecer ao padrão da concessionária, é de propriedade do consumidor.

Do poste, a fiação chega à caixa do medidor de energia (também conhecido como relógio de luz) e daí até o dispositivo geral de manobra e proteção instalado em compartimento junto à caixa do medidor. Este dispositivo pode ser um disjuntor, ou chave seccionadora com fusíveis. Daí, o circuito alimentador segue para o quadro de distribuição principal (QDP) que pode estar ou não junto com o medidor. Em residências maiores, pode haver quadros de distribuição secundários, derivados do QDP.

De acordo com as normas e características da concessionária, resultará o sistema alimentador do consumidor, que como já visto poderá ser:

1. fase e neutro em 115 V (residências populares);
2. fase e fase (nessas cidades só há 230V);
3. fase, fase e neutro em 220/127 V ou 230/115 V (uso geral);
4. fase e neutro em 220 V;
5. fase, fase e fase (uso industrial, casas com grandes motores, prédios). Este item está fora do nosso escopo.

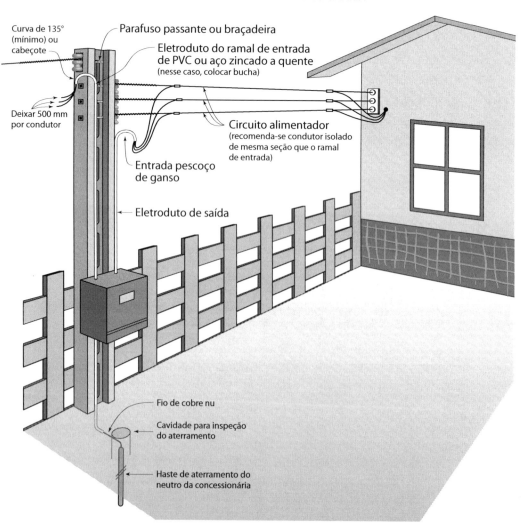

ENTRADA DE ENERGIA ELÉTRICA
EXEMPLO DE PADRÃO DE CONCESSIONÁRIA

Como vimos, os valores de tensão padronizados pela ANEEL (Agência Nacional de Energia Elétrica) são: 127 e 220 V. Neste trabalho, quando nos referirmos a aparelhos consumidores, consideraremos estes valores de tensão. Entretanto, os aparelhos podem ser ligados sem problemas a sistemas com as tensões 115 e 230 V.

Pela generalização do uso do chuveiro elétrico, mesmo em residências populares, e como o desejável para o chuveiro é trabalhar em 220 V, a tendência é desaparecer o sistema 115 V com dois condutores.

Notar

1. Os cabos da concessionária entram pelo "pescoço de ganso", dispositivo que impede a entrada da chuva no eletroduto da entrada.

2. O condutor neutro da concessionária, apesar de ser aterrado por ela, deve ser aterrado novamente no ponto de entrada, pelo proprietário da instalação.

2.2 QUADROS DE DISTRIBUIÇÃO

Nos Quadros de Distribuição instalam-se:

- dispositivo geral de manobra e proteção (chave geral), podendo ser disjuntor ou seccionadora com fusíveis;

- dispositivos de proteção (fusíveis ou disjuntores).

Cada circuito terminal (circuito de saída) deverá ter seu dispositivo de manobra e proteção.

Quadros elétricos em chapa de aço devem ser aterrados.

Veja na página seguinte um quadro elétrico moderno sem fusíveis e com disjuntores.

Atualmente, em residências de menor porte, são empregados, ao invés de quadros de distribuição convencionais, os chamados "centrinhos", de construção mais compacta.

Um centrinho (figura em seguida) deve possuir todos os componentes de um quadro de distribuição: uma seccionadora geral, que pode ser um interruptor diferencial residual, os disjuntores para proteção dos circuitos e as barras de neutro e de proteção (terra).

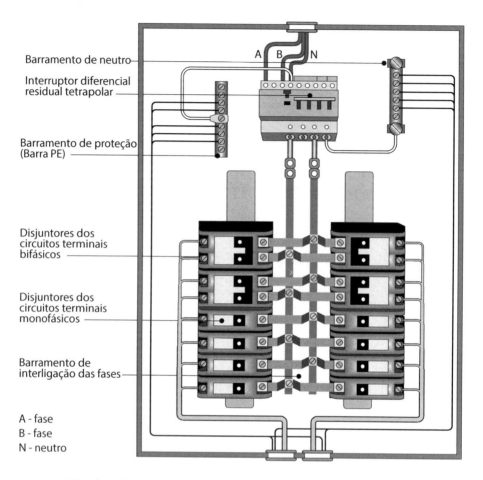

Vista frontal de um quadro de distribuição interna, sem barreira de proteção (chapa para impedir contatos diretos com as partes vivas)

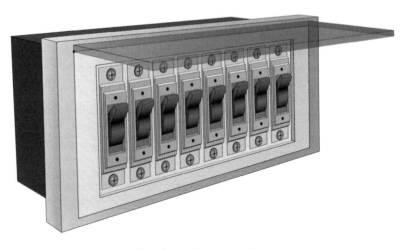

Vista frontal de um centrinho

2.3 CONDUTORES

O condutor (fio ou cabo) elétrico é feito de um metal de grande condutividade elétrica (cobre, alumínio) revestido de uma camada isolante.

Para instalações residenciais, usa-se unicamente o condutor de cobre.

Quanto maior a seção transversal de um cabo, melhor ele transmite a energia elétrica (tem menor resistência e tem maior condutividade). Nas instalações residenciais, os cabos apresentam as seguintes seções nominais.

SITUAÇÕES MAIS COMUNS	
Seção nominal (mm²)	Uso mais comum
25 mm²	Entrada da concessionária
16 mm²	Entrada da concessionária
10 mm²	Entrada da concessionária
4 mm²	Chuveiro elétrico
6 mm²	Chuveiro elétrico
2,5 mm²	Tomadas
1,5 mm²	Iluminação

Nas instalações elétricas, os condutores neutro e de proteção devem ser identificados.

Quando identificados por cor, devem seguir o seguinte critério:

Cor	Função
Azul-claro	Neutro
Verde ou verde-amarelo	Condutor de proteção

Os condutores fase e retorno podem ser identificados por qualquer cor que não seja uma das acima.

2.4 ELETRODUTOS

Os eletrodutos (conduítes) são as canalizações de condução dos condutores elétricos. São os protetores físicos dos cabos. São metálicos ou de plástico. Devem ser colocados:

- em rasgos nas alvenarias,
- antes de concretar, nas formas de concreto.

Colocados os eletrodutos e caixas de passagem, passam-se os condutores elétricos.

Os eletrodutos podem ainda ser externos (instalação aparente).

Os eletrodutos metálicos podem ser de aço esmaltado ou galvanizado ou de alumínio. Os eletrodutos de aço esmaltado estão caindo em desuso, sendo substituídos por eletrodutos em PVC flexível. Os eletrodutos em aço galvanizado ou em alumínio são normalmente empregados em instalações aparentes.

Na tabela abaixo, apresentamos as características dos eletrodutos mais utilizados. Na coluna da esquerda, encontra-se o valor correspondente em polegadas.

Eletrodutos			
Referência em polegadas	PVC rígido Diâmetro nominal (mm)	Aço classe leve Tamanho nominal (mm)	PVC flexível Diâmetro nominal (mm)
½″	20	15	20
¾″	25	20	25
1″	32	25	32
1 ½″	50	40	
2″	60	50	
Norma ABNT	NBR 6150	NBR 6524	NBR 15465

O diâmetro ou tamanho nominal não corresponde ao diâmetro externo ou interno do eletroduto, mas a um número definido pela norma correspondente para designar o eletroduto.

2. As Partes e os Componentes da Instalação Elétrica

Os eletrodutos do tipo flexível são atualmente os mais utilizados em instalações embutidas devido à facilidade de instalação. Entretanto, devem ser especificados de acordo com a norma, com resistência à compressão adequada à instalação, principalmente no caso de aplicação em lajes.

Estão surgindo no mercado dutos de plástico de seção retangular em que, para colocar os condutores, retira-se a tampa, colocam-se os condutores e tampam-se os dutos por encaixe.

O critério da escolha do eletroduto é baseado em a fiação ocupar no máximo 40% da seção, deixando os 60% restantes para ventilação.

Afinal toda a passagem de corrente elétrica libera calor e a ventilação dos eletrodutos dissipa esse calor na atmosfera e com isso não permite que a proteção do condutor com uma camada de plástico seja atacada.

Na escolha entre materiais considere:

Eletroduto Metálico	Eletroduto de Plástico
• protege a fiação contra pregos • pode enferrujar com o tempo	• é mais imune à umidade • pode ser danificado com pregos. • mais fácil de instalar que os metálicos. Permite a enfiação mais fácil pela sua parede interna ser lisa.

NOTA: Por razões de ''aterramento'', não se deve, numa mesma instalação predial, variar o tipo de eletroduto, ou ele é todo metálico ou todo de plástico. Se for metálico deve ser aterrado. A tendência crescente é só usar eletroduto de plástico.

2.5 CAIXAS DE PASSAGEM

Caixas de passagem são locais onde se:

- fazem emendas,
- fazem derivações,
- permitem inspeções.

Existem as de plástico e as metálicas. O critério de uso é o mesmo dos critérios de uso dos eletrodutos.

Vejamos alguns tipos.

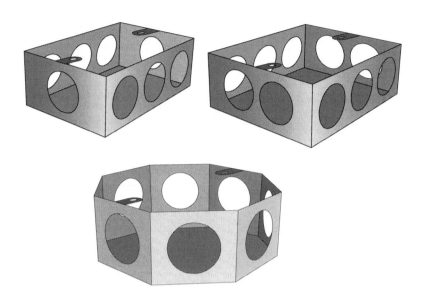

2.6 INTERRUPTORES

São dispositivos que permitem comandar (abrir, fechar) circuitos de iluminação. São colocados sempre no condutor fase, nunca, mas nunca mesmo, no neutro.

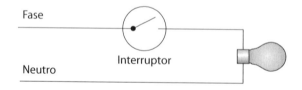

Os interruptores podem ser:

- monofásicos, interrompem uma fase;
- bifásicos, interrompem duas fases;
- trifásicos, interrompem três fases

2.7 SECCIONADORAS

As seccionadoras destinam-se à separação dos circuitos, da fonte de alimentação elétrica. Podem ser para seccionamento com carga ou sem carga.

2.8 DISPOSITIVOS DE PROTEÇÃO CONTRA SOBRECORRENTE

Quando ocorre a sobrecorrente, o condutor pode aquecer exageradamente, levando até sua fusão.

São designadas como sobrecorrentes, as correntes de:

- Sobrecarga: correntes superiores à capacidade do condutor, por excesso de carga no circuito.
- Curto-circuito: correntes devidas a uma falta para terra, ou contato acidental entre fases.

Para impedir isso, se usam os dispositivos que interrompem a corrente (amperagem). São do tipo fusíveis e disjuntores. Vejamos alguns deles.

Fusíveis

Os fusíveis são dispositivos de proteção contra sobrecorrentes que possuem um elo metálico dimensionado para fundir com a passagem de uma corrente superior à sua corrente nominal, interrompendo o circuito.

Os fusíveis devem ser fabricados de acordo com normas ABNT. Os antigos fusíveis tipo cartucho ou rolha não atendem estas normas e caíram em desuso. A tendência atual nas instalações residenciais é a utilização de disjuntores, em vez de fusíveis. No texto a seguir, explicam-se as razões.

Disjuntores

Os disjuntores são dispositivos capazes de interromper correntes de sobrecarga ou curto circuito.

Podem ser:

- monopolar (desliga uma fase);
- bipolar (desliga duas fases);
- tripolar (desliga três fases).

A escolha entre tipos de dispositivos de proteção está ligada à capacidade de condução de corrente do condutor e a opção do técnico.

Os disjuntores tendem a ser os mais usados, pois:

- não só se desligam em curto-circuito, como também quando a rede está sobrecarregada (acima da corrente limite) por um determinado tempo;

- não se destroem. Desligam o circuito por um simples desarmar. Sanada a causa de uma grande corrente, basta rearmar.

Correntes nominais (A) de disjuntores

• Monopolar	5	10	15	20	25	30
• Bipolar	15	20	25	30	40	50
• Tripolar	15	20	25	30	35	40

NOTA: Os disjuntores são montados em peças onde já vem acoplado um interruptor/acionador de circuito. Os fusíveis interrompem o circuito pela fusão de um elo metálico e precisam ser associados a chaves seccionadoras.

2.9 DISPOSITIVO DE PROTEÇÃO A CORRENTE DIFERENCIAL RESIDUAL (DR)

A partir de 1997, a NBR 5410 passou a exigir nas instalações elétricas de baixa tensão[4], utilização do DR – Dispositivo de Proteção a Corrente Diferencial Residual – para proteção contra choques elétricos.

O DR desliga o circuito em que está instalado no caso de correntes de fuga para a terra devido à falha na isolação dos condutores ou equipamentos elétricos.

Numa instalação com esquema de aterramento TN, a proteção contra choques elétricos é promovida pelos disjuntores ou fusíveis. Porém além destes dispositivos é obrigatório o emprego do DR nos seguintes casos:

- Circuitos para locais com banheira ou chuveiro;
- Circuitos para cozinha, copa-cozinha, lavanderia, áreas de serviço, garagens e demais dependências internas molhadas em uso normal ou sujeitas a lavagem;
- Circuitos para tomadas em áreas externas ou que possam alimentar equipamentos em áreas externas.

Esta proteção adicional contra choques elétricos é uma prevenção para o caso de falha de outros meios de proteção e de descuido ou imprudência do usuário.

Numa instalação residencial de pequeno porte, torna-se mais prático instalar um DR na entrada do quadro de distribuição principal. Nesta condição, o DR exerce também a função de chave geral, para desligamento de todo o quadro.

---

4 Como no caso de instalações elétricas residenciais.

Nestes casos, na prática, pode se instalar um DR tetrapolar, com corrente residual nominal de 30 mA (miliampere).

A razão desta escolha é que não se encontram na praça DRs tripolares (duas fases e o neutro). Neste caso passam pelo DR duas fases e o neutro, ficando os bornes da terceira fase sem condutores conectados.

Em edificações maiores, pode ser mais conveniente instalar um DR para cada circuito em que ele for necessário.

Para que um dispositivo DR atue corretamente é necessário que o quadro possua as barras PE (terra) e de neutro e o eletrodo de aterramento e os condutores de proteção estejam instalados.

2.10 DISPOSITIVOS DE PROTEÇÃO CONTRA SURTOS (DPS)

Nas instalações elétricas podem surgir surtos de tensão, devidos a manobras de equipamentos na rede de distribuição da concessionária ou mesmo por indução provocada por queda de raio a alguns quilômetros da edificação.

Com a proliferação dos equipamentos com tecnologia digital nas residências, estes surtos de tensão passaram a constituir um problema, pois estes equipamentos são sensíveis a estas sobretensões, ocorrendo frequentemente a sua queima.

Visando minimizar este problema, a NBR 5410, em sua edição de 2004, nos casos em que a edificação for alimentada por rede aérea, prevê a instalação de proteção contra surtos de tensão.

Esta proteção deve ser provida por dispositivos de proteção contra surtos (DPS) ou por outros meios que garantam proteção equivalente.

Os dispositivos de proteção contra surtos devem ser instalados no quadro de distribuição principal. No caso dos sistemas de aterramento TN, deve-se instalar um DPS entre cada fase e à barra PE (barra de terra).

Mas a instalação destes dispositivos não é suficiente para a proteção contra surtos. É imprescindível que estejam corretamente instalados o sistema de aterramento e a equipotencialização das massas metálicas.

Os DPS devem satisfazer às seguintes características:

- nível de proteção Up $\leq$ 1,5 kV;

- máxima tensão de operação contínua: 1,1 U_0;

- corrente nominal de descarga (8/20 μs): 5 kA.

- U_0: tensão fase-neutro.

O DPS deve ter suportabilidade igual ou superior à corrente de curto-circuito presumida no quadro, já levando em conta a ação dos dispositivos de proteção contra sobrecorrente.

A fim de minimizar o surgimento de tensões de surto devido a fenômenos eletomagnéticos, nas instalações devem ser tomadas as seguintes precauções:

- a entrada de todas as linhas externas na edificação, de energia ou de sinal (telefone, TV a cabo) ou de tubulações metálicas para outras finalidades deve se dar no mesmo ponto da edificação;
- os condutores de proteção devem ser instalados sempre no mesmo eletroduto em que caminham os circuitos elétricos.

2.11 TOMADAS

São pontos onde o circuito fica aberto e só se fecha (e começa a passar a corrente) quando se coloca um aparelho e liga-se o aparelho. No caso dos circuitos fase-neutro, as tomadas são não polarizadas, ou seja, o usuário não sabe (a menos que teste) qual é a fase e qual é o neutro, e o conhecimento não traz para o usuário maiores interesses.

Conforme a NBR 5410, as tomadas de corrente fixas das instalações devem ser do tipo com contato de aterramento (PE).

A norma NBR 14136 padroniza os plugues e tomadas para uso doméstico.

Este padrão apresenta três contatos (2P+T) para as tomadas. Os plugues podem ser com três polos (2P+T), para equipamentos classe I e dois pólos (2P) para equipamentos classe II.

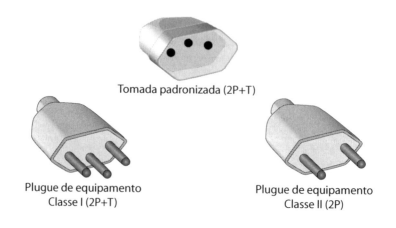

Tomada padronizada (2P+T)

Plugue de equipamento Classe I (2P+T)

Plugue de equipamento Classe II (2P)

2. As Partes e os Componentes da Instalação Elétrica

Segundo a IEC 61140, os componentes podem ser: classe I, com isolação normal e classe II, com isolação dupla ou reforçada. Os aparelhos com isolação classe II não necessitam e não devem ser aterrados.

As correntes nominais das tomadas foram padronizadas em dois valores: 10 A e 20 A.

2.12 APARELHOS

São os equipamentos que consumirão energia e para os quais o sistema é feito. Conheçamos alguns deles e suas potências elétricas.

PRODUTOS RESIDENCIAIS	POTÊNCIA (W)*
Baixos Consumidores	
rádio-relógio	10
lâmpada	60
lâmpada	100
ventilador	50 a 100
televisão	80 a 200
rádio	50 a 100
liquidificador	100 a 250
Médios Consumidores	
ferro elétrico	500 a 1000
geladeira	150 a 400
aspirador	250 a 800
lavadora de roupa	500 a 1000
Grandes Consumidores **	
aquecedor central	1000 a 2000
forno de micro-ondas	1000 a 2000
chuveiro	2500 a 6500
lavadora de pratos	1000 a 3000
secadora de roupas	2500 a 6000

* Em certas literaturas a potência é dada não em W e sim em VA (Volt-Ampére).

** A NRB 5410 determina que equipamentos com corrente nominal superior a 10 A tenham um circuito exclusivo, ou seja, fiação e disjuntores próprios a partir do quadro geral.

Como já foi visto, os valores de tensão padronizados são: 127 e 220 V. Nas descrições a seguir consideraremos estes valores de tensão. Entretanto, os aparelhos podem ser ligados a sistemas com as tensões 115 e 230 V.

36 Instalações Elétricas Residenciais

Equipamentos de uso raro, mas que por vezes são ligados à instalação elétrica (220 V):

- máquina de raspar tacos, comumente 4 cv;
- máquina de solda para a instalação de grades de proteção de residências.

2.12.1 LÂMPADA INCANDESCENTE

A passagem da corrente faz entrar em incandescência um filamento de tungstênio.

As lâmpadas são de 127 V ou 220 V. O poder da iluminação é dado pela potência (W). As potências mais comuns são:

- 40 W   lâmpada muito fraca, para usos especiais;
- 60 W   lâmpada fraca;
- 100 W a mais comum;
- 150 W para casos especiais.

A diferença entre lâmpadas incandescentes de 127 V e 220 V está no tipo de filamento luminoso. As lâmpadas de 220 V têm mais espiras no filamento.

2.12.2 LÂMPADA FLUORESCENTE

Podem ser instaladas com reatores de 127 V ou 220 V. Tem a vantagem de consumir menos energia que lâmpada incandescente para a mesma energia luminosa produzida e gerar menos calor. Tem também vida útil da ordem de dez vezes superior à das lâmpadas incandescentes. Tem como única desvantagem um custo inicial mais caro.

2.12.3 CHUVEIRO ELÉTRICO

É basicamente uma resistência que fica mergulhada em um pequeno reservatório de água (carcaça do chuveiro).

Existem para 127 V ou 220 V.

Para uma dada potência, a corrente é menor em 220 V.

Assim, os de 127 V são mais apropriados para regiões do Brasil em que a temperatura média é mais alta, pois necessitam menor potência para o aquecimento da água.

Nas regiões de clima temperado ou frio deve-se preferir a tensão 220 V, pois requerem valores mais altos de potência. A fiação em 127 exigiria uma seção de 10 mm^2, o que encareceria a instalação.

2.12.4 RÁDIOS, TV, VENTILADORES

Pela sua potência, podem ser em 127 V ou 220 V. Nas residências onde existem tensões de 127 V e 220 V, pode-se escolher o aparelho para um dos valores de tensão. Atualmente há aparelhos eletrônicos, como rádios e TV, que permitem a ligação indistintamente em qualquer uma das tensões (bivolt). Em cidades onde só existe uma tensão, os aparelhos devem se adaptar a isso.

2.12.5 EMENDAS

Fita isolante

Em geral um produto injustamente esquecido e pouco valorizado, mas que tem uma importância fundamental. A fita isolante, nos reparos e emendas, isola e separa a parte energizada da fiação, permitindo com isso seu contato com o corpo de uma pessoa e o contato sem curto-circuito com outros fios.

Vejamos dados de importante fabricante de fitas isolantes:

- Aplicação: isolação de fios e cabos elétricos em geral até 750 V. Indicada para instalações elétricas de baixa tensão, classe de temperatura 90 °C.
- Atende os requisitos de segurança e desempenho da norma ABNT NBR NM 60454-3-1-5.
- O rolo da fita tem 19 mm × 20 m e espessura de 0,19 mm.
- A sigla NBR NM significa norma brasileira e do Mercosul.

Observação de um técnico instalador que fez enorme quantidade de reformas e adaptações elétricas:

> "Em velhos trechos de fiação onde foram usadas fitas isolantes de baixa qualidade, com o tempo, essas fitas se soltaram parcialmente e na prática deixaram de isolar. Em outros trechos da fiação onde foram usadas fitas de maior qualidade, com o tempo e o calor, as fitas isolantes quase que se fundiram com o fio dando permanente isolamento."

Caro leitor — Siga as instruções desse técnico instalador.

Vejamos como fazer emendas.

EMENDAS AÉREAS

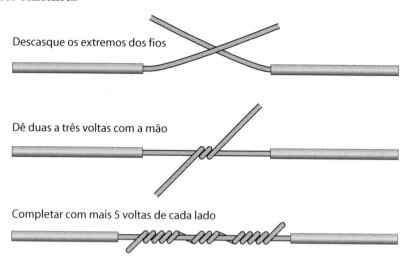

EMENDAS DE DERIVAÇÃO

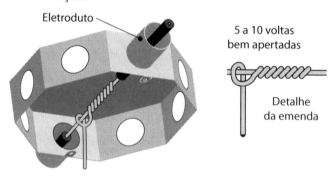

EMENDA NAS CAIXAS DE PASSAGEM

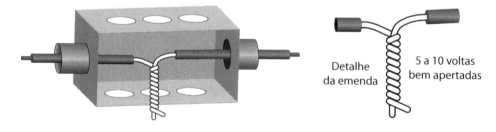

FOFOCAS NO AR

Contam que um engenheiro eletricista americano, já aposentado, ficou rico visitando fábricas e oferecendo seus serviços de consultoria em engenharia elétrica

2. As Partes e os Componentes da Instalação Elétrica

grátis, cobrando apenas um porcentual sobre o ganho (economia) que a fábrica teria se adotasse algumas de suas recomendações.

Noventa por cento das recomendações desse velho engenheiro eram relativos a melhorar contatos elétricos. Usava para isso tão somente uma chave de fenda, apertando os dispositivos de contato.

3 DIVISÃO EM CIRCUITOS

O sistema predial deve se dividir em subsistemas. Os circuitos elétricos são subsistemas independentes um do outro.

As vantagens dessa divisão da alimentação geral em circuitos são:

- detectada uma falha, é mais fácil localizar qual o equipamento em falha;

- havendo problema em parte da instalação e que exige reparo, interrompe--se a energização desse circuito e o resto do sistema pode continuar a funcionar;

- o uso de pequenos motores (liquidificadores, enceradeiras) no mesmo circuito de aparelho de TV e rádio pode gerar interferências eletromagnéticas (o popular chuvisco), havendo pois vantagem em colocar as tomadas da cozinha em um circuito e as tomadas da sala e quartos (onde se instalam TV e som) num outro circuito;

- nos locais alimentados há um interesse em alimentar certos equipamentos em tensão de 127 V e outros em 220 V, gerando aí a necessidade de circuitos independes.

ATENÇÃO PARA A COMPREENSÃO DO QUE SEJA UM CIRCUITO ELÉTRICO

A norma diz que determinados aparelhos (por exemplo, chuveiro) devem ter circuito independente. Isso quer dizer que desde os conectores do aparelho (bornes) a fiação segue direta e sem outros usos até o quadro geral onde tem direito a disjuntor. A fiação de um circuito pode estar com outras fiações num eletroduto, mas sem ligação elétrica com estas fiações.

Quanto mais circuitos houver numa instalação, mais fácil fica:

- detectar problemas;
- desligar uma parte do sistema ficando o resto em carga (funcionando).

No passado, quando só havia nas casas um aparelho de alto consumo de energia que era o chuveiro elétrico, os circuitos se dividiam em:

- um circuito de 220 V só para atender ao chuveiro;
- dois ou três circuitos todos em 127 V para atender ao resto da casa.

Com o tempo, as casas de classe média alta e de classe rica ganharam outros equipamentos para ligação em 220 V. Vejamos quais são:

- vários chuveiros;
- como alternativa ao uso de um chuveiro, um aquecedor central;
- máquina de secar roupa;
- máquina de lavar pratos;
- aparelhos de ar-condicionado.

Todos os equipamentos possuem alternativa em 127 V, mas a conveniência de se empregar esta tensão deve ser analisada, pois:

- aumenta a corrente elétrica aumentando perdas térmicas;
- exige fiação de maior seção;

Hoje, para essas casas, torna-se necessário:

- vários circuitos em 220 V;
- três ou quatro circuitos em 127 V (os circuitos de iluminação devem independentes dos circuitos para tomadas de uso geral);
- circuitos (um ou dois) de reserva para futuro uso (ar-condicionado, por exemplo);
- um circuito específico para as tomadas da cozinha onde se ligam geladeiras, liquidificadores etc. Por razões eletromagnéticas, se ligarmos no circuito das tomadas da cozinha aparelhos de TV e som, pode haver interferência eletromagnética com som e imagem.
- circuitos específicos para equipamentos de maior consumo, como forno micro-ondas e máquina de lavar;

A escolha de fiação está ligada à:

- máxima amperagem que o condutor suporta de maneira a não permitir seu exagerado aquecimento;
- não usar condutores exageradamente finos, a fim de manter a queda de tensão em níveis aceitáveis;

Segue Diagrama Trifilar de um Quadro de Distribuição típico.

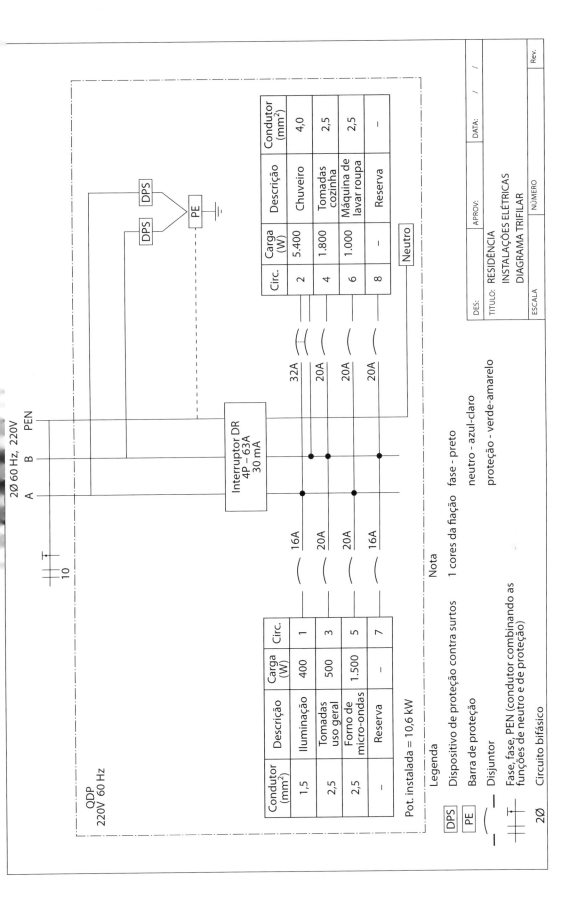

CIRCUITO PARA LIGAÇÃO DE DUAS LÂMPADAS E DOIS INTERRUPTORES

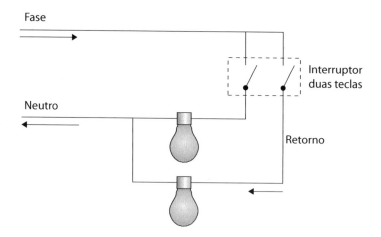

- Notar (sempre e sempre) que a interrupção é sempre na fase e nunca no neutro.
- A fase, depois do interruptor e até o aparelho (lâmpada) é denominada "retorno", que nada mais é do que uma "fase com controle".

CIRCUITO PARALELO

O circuito paralelo é aquele usado em corredores, escadas e salas muito grandes, onde pode se acender ou apagar lâmpadas de dois lugares.

Veja o esquema de instalação:

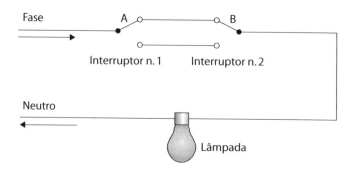

Em A, pode-se ligar ou desligar e o mesmo acontece em B, numa escada no térreo, ao subir, liga-se a luz (ponto A), terminando a subida, apaga-se a luz (ponto B). São dois interruptores interligados, desligam e ligam a mesma lâmpada.

4 ATERRAMENTO, NEUTRO E CONDUTOR DE PROTEÇÃO

4.1 ESQUEMAS DE ATERRAMENTO

Nas instalações residenciais é normalmente empregado o esquema de aterramento com o neutro aterrado junto ao transformador da concessionária e no ponto de entrega de energia. As massas metálicas da edificação, não destinadas a conduzir corrente, são ligadas a este ponto através de condutores de proteção (fio terra).

Este esquema é designado pela sigla TN, sendo que T indica que o neutro da alimentação é aterrado, e N, que as massas são interligadas ao mesmo eletrodo de aterramento do neutro.

O esquema TN apresenta três variantes, de acordo com a disposição do condutor neutro e do condutor de proteção:

- esquema TN-S, condutores neutro e de proteção distintos;
- esquema TN-C, funções de neutro e de proteção num único condutor;
- esquema TN-C-S, em parte do qual as funções de neutro e de proteção são combinadas num único condutor.

O condutor de proteção é designado pela sigla PE,

O condutor com as funções de neutro c de proteção é designado pela sigla PEN.

Em instalações residenciais é usual o esquema de aterramento TN-C-S, com o condutor PEN da entrada até a barra de neutro no quadro de distribuição (TNC). A barra de neutro é então interligada à barra PE (barra de terra), passando o esquema, a partir daí, para o TN-S, com um condutor PE, acompanhando cada circuito terminal.

DIAGRAMAS DOS ESQUEMAS DE ATERRAMENTO

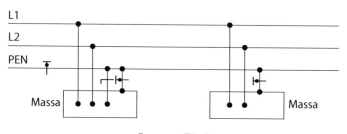

Esquema TN-C

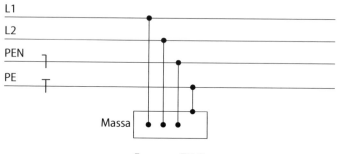

Esquema TN-S

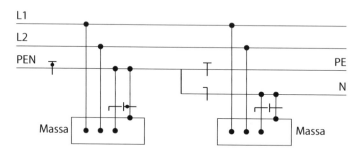

Esquema TNC-S
As funções de neutro e de condutor de proteção são combinadas num único condutor em parte do esquema.

4.2 ELETRODO DE ATERRAMENTO

A edificação deve ser provida de um eletrodo de aterramento.

Preferencialmente, o eletrodo de aterramento deve ser constituído pelas próprias armaduras de concreto das fundações (eletrodo natural).

4. Aterramento, Neutro e Condutor de Proteção

Como alternativa pode ser instalado um condutor metálico imerso no concreto das fundações ou um anel metálico enterrado circundando o perímetro da edificação. Neste caso são mais empregados: cabo de aço zincado, seção mínima 95 mm² ou cabo de cobre nu, seção mínima 50 mm².

A edificação deve ser provida de um único eletrodo de aterramento, atendendo, inclusive, quando houver, ao sistema de proteção contra descargas atmosféricas.

4.3 O NEUTRO

O neutro é um condutor que, na rede da concessionária, está eletricamente ligado ao planeta Terra. Tem, portanto, o potencial elétrico nulo.

Nas instalações prediais ele aparece:

- na ligação 115 V, dois condutores: fase e neutro;
- na ligação 220/127 V, três condutores: duas fases e neutro;
- na ligação 230/115 V, três condutores: duas fases e neutro;
- na ligação 220 V, dois condutores: fase e neutro.

O neutro não deve nunca, nunca, nunca ser interrompido por fusível, disjuntor ou interruptor.

Conceitualmente, a corrente entra pelo fio fase e retorna para o neutro do transformador da concessionária.

Nas ligações 220 V, três fios (F, F, N), se houver balanceamento de cargas (número de watts igual em cada circuito), então não passará corrente de valor significativo no condutor neutro do circuito alimentador principal. Isto ocorre porque cada fase está defasada da outra, ou seja, para uma fase no fio neutro está saindo corrente e para a outra fase está entrando corrente.

Mesmo nos circuitos balanceados na fase de projeto, eles não serão obrigatoriamente balanceados na situação real. Se na instalação elétrica estiver sendo usado um circuito sim e outro não, passará corrente no neutro do circuito alimentador principal do quadro de distribuição.

Nos circuitos terminais (F,N) sempre haverá corrente no neutro.

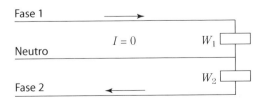

Nos circuitos balanceados (mesmo uso de potência em cada circuito, como as fases são defasadas, a corrente no neutro é nula).

Se $W_1 = W_2$, então $I_N = 0$.

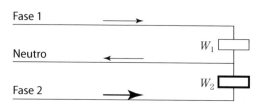

se $W_1 \neq W_2$, então há corrente no neutro.

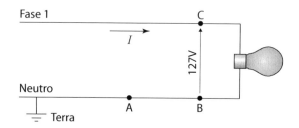

A Tensão em C é alternada, a tensão em A é nula. Qual a tensão em B?

$$V_B = R_{AB} \cdot I$$

sendo R_{AB} quase nula temos:

$$V_B \cong V_A = 0$$

4.4 O CONDUTOR DE PROTEÇÃO

Determinados aparelhos elétricos com carcaça metálica (chuveiro elétrico, máquina de lavar e secar roupa)[5] podem adquirir potencial elétrico devido à falha na isolação de um condutor que pode se ligar eletricamente à carcaça.

A energização dessas carcaças pode:

- dar choque no usuário ao tocar a carcaça,
- energizar várias partes da casa, generalizando o local de choques.

---

5 Inclua-se nisto quadros elétricos e eletrodutos metálicos.

4. Aterramento, Neutro e Condutor de Proteção

Para a proteção contra choques elétricos em caso de falha de isolação é necessário instalar-se um condutor de proteção (terra) acompanhando cada um dos circuitos terminais. Cada condutor de proteção é ligado à barra PE (barra de terra) no quadro de distribuição.

Todas as carcaças metálicas são ligadas a um condutor de proteção.

Nos sistemas TN, com o condutor de proteção corretamente instalado, o desligamento do circuito, em caso de falta para a terra, é efetuado pelo dispositivo de proteção contra sobrecorrentes do circuito (disjuntor ou fusível).

Quando dimensionado corretamente, o dispositivo de proteção abre o circuito num tempo curto o suficiente para que a tensão na carcaça do equipamento não atinja valor perigoso, protegendo assim a pessoa contra choques elétricos.

NOTAS:

1. A ocorrência de corrente no condutor de proteção é uma anormalidade, um problema de instalação. Periodicamente deve-se, com os circuitos ligados, desligar todo o uso elétrico e verificar se ocorre consumo de energia olhando o relógio de luz. Se apesar de todos os aparelhos desligados houver consumo, pode estar passando corrente no condutor de proteção. Procurar a causa.

2. Não nos esqueçamos de aterrar o quadros de luz. Eletrodutos metálicos também devem ser aterrados. Se um eletroduto metálico estiver ligado a um quadro de luz aterrado, então, por consequência, o eletroduto estará também aterrado. Se isso não acontecer, faça então o aterramento do eletroduto através de um condutor de proteção.

4.5 EQUIPOTENCIALIZAÇÕES

As normas de instalações elétricas preveem uma outra medida de proteção contra choques elétricos além do seccionamento automático do circuito descrito no item anterior. Trata-se das equipotencializações.

Equipotencialização é a interligação e a ligação à terra de todas as massas metálicas não destinadas a conduzir corrente da instalação.

Estando as massas metálicas interligadas, em caso de uma falta para terra, todas as massas ficarão no mesmo potencial. Portanto não haverá diferença de potencial (voltagem) entre um ponto e outro. Em caso de contato entre duas partes metálicas, uma pessoa não fica sujeita a uma diferença de potencial e, portanto, não leva choque.

Um barramento de equipotencialização, ligado ao eletrodo de aterramento, deve ser instalado próximo à entrada de energia elétrica da edificação. Esta barra é denominada BEP – barra de equipotencialização principal.

Ao barramento de equipotencialização principal deverão ser ligados:

- armaduras de concreto armado das fundações da edificação;
- o condutor neutro;
- o condutor de proteção principal;
- tubulações metálicas que entram na edificação.

A barra PE do quadro de distribuição principal da edificação pode acumular a função de BEP, quando o quadro está localizado próximo à entrada da linha elétrica na edificação.

As entradas e saídas de linhas externas devem preferencialmente ser concentradas num mesmo ponto da edificação. A disposição dos condutores através desta medida facilita a execução da equipotencialização e minimiza a possibilidade de surgimento de interferências eletromagnéticas.

As carcaças metálicas de equipamentos no interior da edificação serão equipotencializadas através do condutor de proteção que acompanha o circuito de alimentação do equipamento.

5 PARA-RAIOS

O Sistema de Proteção Contra Descargas Atmosférica (SPDA) ou para-raios destina-se a proteger as habitações contra descargas elétricas atmosféricas. Prédios de vários pavimentos devem ter seu para-raios.

A norma da ABNT que fixa as condições exigíveis de um SPDA é a NBR 5419.

A norma assevera que um SPDA instalado corretamente não assegura a proteção absoluta, mas reduz de forma significativa os riscos e danos devido às descargas atmosféricas.

A instalação de um SPDA deve ser precedida de um projeto elaborado por empresa especializada, acompanhado de ART assinada por um profissional legalmente habilitado.

A necessidade ou não de um SPDA numa edificação, e o seu nível de proteção, devem ser determinados através de método apresentado na norma.

5.1 CAPTORES

O subsistema captor ou simplesmente captor é a parte do SPDA destinada a interceptar as descargas atmosféricas.

Atualmente tem sido mais utilizado em prédios, o modelo da malha ou gaiola de Faraday.

Neste modelo, não se empregam normalmente as hastes com ponta no topo dos prédios (captores Franklin), mas o sistema de captores é formado por um anel condutor no entorno topo do prédio com condutores no seu interior formando uma malha.

Estruturas metálicas, como mastros de antenas de TV ou de rádio, devem ser interligadas à malha de captores, passando a fazer parte do subsistema captor.

Os materiais utilizados tanto para os captores como para as descidas podem ser o cobre, aço galvanizado, aço inoxidável ou alumínio, na forma de cabos, barras cilíndricas ou barras chatas.

5.2 DESCIDAS

A quantidade de condutores de descida é determinada em função do nível de proteção indicado.

As descidas devem ser espaçadas tão uniformemente quanto possível.

Esta prescrição destina-se a evitar a formação de campos eletromagnéticos muito intensos dentro da edificação, o que pode causar a indução de tensões elétricas nas instalações internas e queima de aparelhos eletrônicos.

- Erro: não é incomum ver-se edifícios com uma única descida, o que está em desacordo com a norma, não oferecendo proteção adequada.

- Erro: também se vê em edifícios várias descidas num único lado, próximas umas das outras. Do ponto de vista da distribuição dos campos eletromagnéticos no interior da edificação, é como se houvesse uma única descida.

Nas descidas podem ser empregados cabos ou barras chatas fixados à parede.

Podem-se usar as ferragens do prédio como descidas naturais, desde que sejam tomadas precauções para garantir a sua continuidade elétrica.

Quando exteriores, os condutores de descida devem ser protegidos contra danos mecânicos através de eletroduto de PVC rígido, com dois metros e meio a partir do chão.

Os suportes com isoladores de porcelana, mantendo os captores e condutores de descida afastados da edificação não se destinam à isolação elétrica. Os milhares de volts envolvidos numa descarga de raio são muito superiores à capacidade dos isoladores.

Estes isoladores na verdade serviriam com guia para os condutores, mantendo-os afastados da edificação a fim de reduzir os campos eletromagnéticos no seu interior. Pesquisas mais recentes indicaram que a redução destes campos com estas medidas é insignificante. As normas foram revistas, e a partir da década de 1980 as normas permitem a fixação dos captores e condutores de descida diretamente na parede ou laje.

5.3 ATERRAMENTO

Como já foi visto em Capítulo 4, a edificação deve ser provida de um único eletrodo de aterramento, atendendo às instalações elétricas e ao sistema de proteção contra descargas atmosféricas.

O para-raios deve ter uma ligação perfeita com a terra. Para termos a certeza disso, devemos periodicamente testar a resistência de terra do eletrodo de aterramento da edificação, ao qual devem ser conectados os condutores de descida do para-raios. Isto não se aplica no caso de se utilizarem as fundações do prédio como eletrodo de aterramento.

O arranjo do sistema de aterramento é mais importante que um baixo valor de resistência de aterramento. A melhor maneira de se evitar descargas ou sobretensões perigosas é garantir a equipotencialização, conforme já descrito em no item 4. Entretanto, a norma recomenda para o caso de eletrodos não naturais, uma resistência de aproximadamente 10 Ω (dez ohm).

Nos casos de solo com alta resistividade, poderá não ser possível atingir este valor.

5.4 INSPEÇÃO

Uma inspeção visual do SPDA deve ser efetuada anualmente.

Inspeções completas devem ser efetuadas a cada cinco anos.

5.5 DOCUMENTAÇÃO TÉCNICA

Deve ser mantida no local, ou em poder dos responsáveis pela manutenção do SPDA, a documentação técnica prevista na NBR 5419, incluindo projeto e relatórios das inspeções periódicas.

5.6 CAPTORES COM ATRAÇÃO AUMENTADA

Durante décadas foi instalada no Brasil uma grande quantidade dos para-raios com captores ditos radioativos.

Estes dispositivos, com o tempo, revelaram-se um engodo, que tapeou técnicos e engenheiros por todo o mundo.

Foram publicados artigos com teorias sobre a maior capacidade de atração destes dispositivos. Mas os engenheiros e cientistas sérios que tratam deste assunto verificaram que este suposto aumento na capacidade de atração nunca foi comprovado experimentalmente.

Em vista disto, atualmente, as normas da maioria dos países proíbe a instalação destes ou outros captores com capacidade de atração supostamente aumentada.

Não se trata de coibir o desenvolvimento de novas tecnologias, mas de que, considerando que se trata de proteção de vidas humanas, um dispositivo novo, antes de ser aceito, deve ter seu desempenho comprovado experimentalmente.

A NBR 5419 em seu texto diz categoricamente: "não são admitidos quaisquer recursos artificiais destinados a aumentar o raio de proteção dos captores, tais como captores com formatos especiais, ou de metais de alta condutividade, ou ainda ionizantes, radioativos ou não".

Atualmente, no Brasil, os captores radioativos estão proibidos pela Comissão Nacional de Energia Nuclear – CNEN, e os que estão instalados devem ser removidos, e substituídos por captores convencionais, havendo um procedimento regulamentado para esta remoção.

5.7 PARA-RAIOS EM RESIDÊNCIAS

No caso de residências, normalmente, não é necessário a instalação de pára-raios. A probabilidade de ocorrer uma descarga atmosférica em uma casa de dimensões médias é muito pequena.

Entretanto, se a residência tem uma área construída relativamente grande ou está em local isolado, alto ou em área com alta densidade de descargas atmosféricas, deve-se verificar a necessidade de instalação de SPDA.

A NBR 5419 apresenta um método de cálculo para verificação da necessidade de se instalar um SPDA em uma edificação.

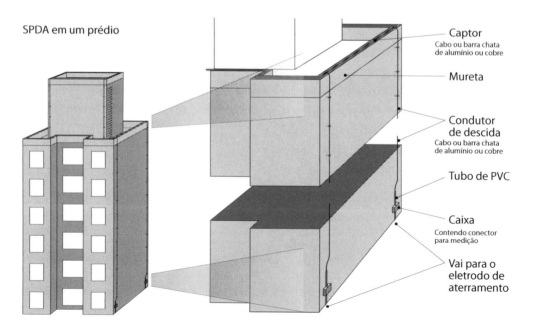

6 INSTALAÇÃO EM BANHEIROS

As pessoas em banheiros estão bastante desprotegidas contra eventuais choques elétricos. Essa desproteção vem de:

- estarem sem roupa e sem sapato;
- estarem com o corpo molhado;
- pisarem em ralos metálicos as vezes ligados à terra pela canalização metálica.

Enquanto uma pessoa calçada com sola de borracha tem uma excelente proteção (alta resistência elétrica), uma pessoa no banheiro tem baixíssima resistência elétrica e como $V = RI$ um baixo R para um dado V causa um alto I e a corrente (I) é o que define o grau do choque elétrico.

As recomendações da NBR 5410 são entre outras:

- Eletrodutos não condutores (use, pois, eletrodutos de plástico) no banheiro para evitar um eventual choque causado por um curto transmitido pelo eletroduto metálico.

- No interior do volume invólucro (área do box do chuveiro), não deve haver tomadas, nem aparelhos elétricos. Em havendo (chuveiro), este deve ser colocado de tal forma a não receber respingos de água, no mínimo a 2,25 m do piso.

- O chuveiro não pode ser ligado ao respectivo circuito através de tomada. Recomendamos que a ligação do chuveiro à fiação não seja através de charrua, mas com conectores adequados. As ligações com charrua (fios trançados entre si) tendem a afrouxar com o tempo, provocando mau contato e consequente aquecimento e queima da isolação.

- Os circuitos que alimentam pontos de utilização situados em locais contendo banheira ou chuveiro devem ser protegidos por DR com corrente diferencial-residual nominal igual ou inferior a 30 mA.

- O interruptor de luz deve ser instado a mais de 60 cm da face exterior do box do chuveiro ou banheira.

Na instalação de banheiras com hidromassagem, admite-se apenas instalação no sistema SELV (do inglês *Separeted estra-low voltage*) com tensão nominal não superior a 12 V, em corrente alternada, sem aterramento das massas, com a fonte de segurança instalada fora do volume da banheira.

7 VAMOS ACOMPANHAR O FUNCIONAMENTO DO SISTEMA PREDIAL, DO RELÓGIO DE LUZ ATÉ OS PONTOS TERMINAIS DE CONSUMO

A seguir apresentamos um esquema mostrando a disposição dos circuitos em uma instalação residencial.

Observações

- chegam fase, fase e neutro;
- os fusíveis estão na parte não ligada, ou seja, se as chaves estão desligadas, não há tensão nos fusíveis;
- no neutro não há fusíveis, disjuntores ou interruptores;
- o neutro da concessionária deve ser aterrado pela concessionária na rua e por cautela aterrado na entrada da edificação;
- carcaças elétricas de chuveiros, máquinas de lavar, ferramentas, quadros elétricos (metálicos) e até banheiras metálicas devem estar aterradas através de condutores de proteção;
- circuitos de grandes consumos (chuveiros, máquinas de lavar, secadoras) devem ser independentes, ou seja, vão do quadro de distribuição até o equipamento;
- o sistema apresentado tem três circuitos, dois em 127 V e um em 220 V;
- por um eletroduto podem passar vários fios de vários circuitos.

Explicações Adicionais – ver números

1. aterramento do neutro pela concessionária;
2. ponto de entrada de energia;
3. aterramento do neutro pelo cliente;

4. quadro de medição de energia (totalizador)

5. caixa com dispositivo de proteção e manobra (disjuntor ou seccionadora com fusíveis) do circuito alimentador principal, instalada ao lado da caixa de medição;

6. aterramento de quadros elétricos, se metálicos;

7. eletroduto conduzindo circuito alimentador principal;

8. Quadro Distribuição Principal (QDP);

9. chave geral, com proteção DR incorporada;

10. barra de proteção (barra de terra);

11. barra de neutro;

12. Dispositivos de Proteção contra Surtos;

13. disjuntores para proteção dos circuitos terminais;

14. interruptor 127 V;

15. luminária ligada à fase e neutro e com carcaça ligada à terra;

16. tomada de 127 V (ligada à fase e neutro);

17. condutor de proteção ligando carcaças;

18. chuveiro elétrico ligado a duas fases (220V);

19. banheira metálica aterrada. Embora não sendo um equipamento elétrico, um acidente pode energizá-la e poderia eletrocutar o corpo ocupante. O aterramento impede;

20. eletrodo de aterramento da instalação – preferivelmente a ferragem da viga baldrame da edificação.

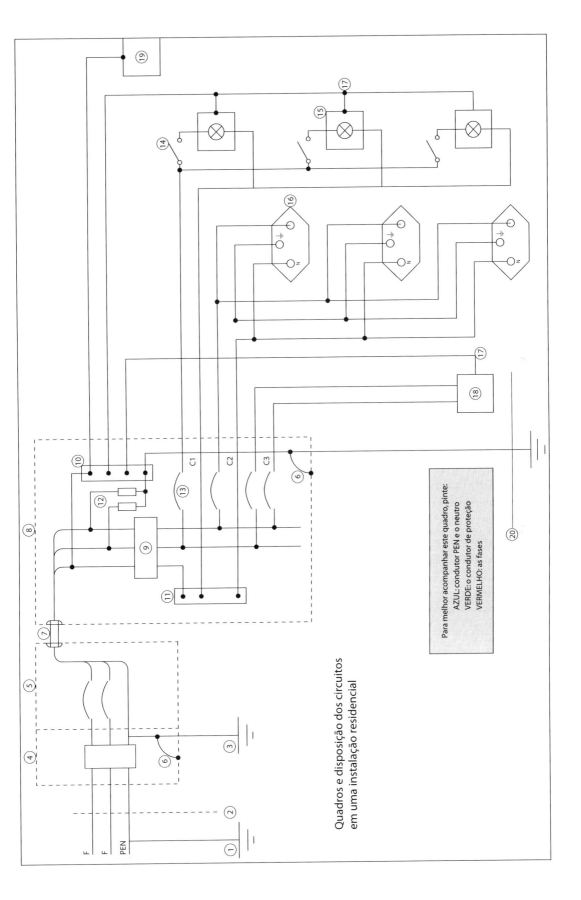

8 INTERPRETANDO UMA CONTA DE LUZ RESIDENCIAL – VARIAÇÃO DE CONSUMO MÊS A MÊS

Temos em mãos uma de conta de luz.

Além do nome do proprietário, número de cadastro e valor de conta, há a informação de que num determinado mês foram gastos 402 kWh de energia.[6]

Verificar se está certo esse consumo.

Admitamos os seguintes dados:

APARELHO	POTÊNCIA (W)	NÚMERO DE APARELHOS	HORAS DE USO POR DIA	Wh/dia
lâmpada	100	3	5 h	1.500
ferro elétrico	1.000	1	2 h	2.000
chuveiro	6.000	1	1 h	6.000
televisão	100	1	3 h	300
geladeira	200	1	6 h	1.200
máquina de lavar roupa	1.000	1	2 h	2.000
rádio	100	1	3 h	300
liquidificador	200	1	0,5 h	100
			TOTAL	13.400 = 13,4 kWh

No final de um mês teremos:

$$13,4 \times 30 = 402 \text{ kWh}$$

---

6 W é potência, Wh é energia.

Não acaba aí o consumo de energia.

A corrente, ao passar pela fiação, perde energia, que se transforma em calor. Quanto maior a corrente, maior ao quadrado a perda por calor:

O medidor de luz mede e totaliza a soma:

1. a energia consumida nos aparelhos,

2. a energia dissipada entre o medidor e os aparelhos.

Como o relógio de luz mede o total da energia que entra na casa, o cliente paga 1 + 2.

O medidor de luz é o aparelho que mede o consumo de energia expresso em kWh. Na verdade ele, não é um medidor. Ele é um totalizador de energia consumida. A cada mês, o leiturista anota o total de energia indicado na data e diminui do total indicado no mês anterior. Da diferença vem a energia consumida no mês.

Vejamos agora a evolução do consumo mês a mês de duas residências: uma casa de classe média baixa (sala, dois quartos, banheiro e cozinha, com apenas um chuveiro como grande consumidor) e outra de classe média alta (sala, três quartos, três banheiros, cozinha, com aquecedor de água, chuveiro, e máquina de lavar roupa).

CONSUMO kWh												
Mês	J	F	M	A	M	J	J	A	S	O	N	D
Casa de classe média	112	90	101	123	108	129	100	114	79	96	137	116
	Média = 109 Variação máxima porcentual: (137-109)/109 = 25,7%											
Casa de classe média alta	532	585	459	564	551	617	620	551	655	623	594	549
	Média = 579 Variação máxima porcentual: (655-575)/575 = 13,9%											

NOTA: Por vezes, o leiturista da conta de luz deixa de anotar a totalização indicada no relógio de luz e lança um valor mínimo. Isso não traz maiores problemas nem para a concessionária nem para o consumidor, pois ao voltar no mês seguinte se o consumo for maior, a diferença sai nessa nova conta e se foi menor também a diferença se ajusta nessa nova conta. Isso é possível pelo fato do leiturista ler o totalizado até a data e não ler o consumo do mês.

8. Interpretando uma Conta de Luz Residencial

Os registros da concessionária é que deduzem do totalizado até a data da leitura o valor totalizado na leitura anterior cobrando a diferença.

CONTA DE LUZ

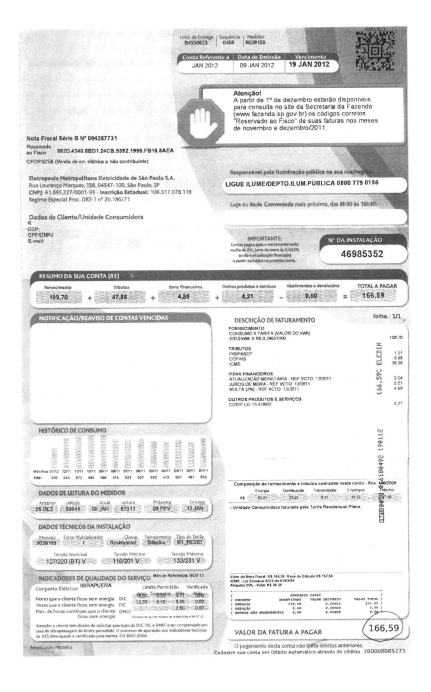

9 COMO CONTRATAR OS SERVIÇOS DE INSTALAÇÃO ELÉTRICA DE UMA RESIDÊNCIA – FAREMOS PROJETO?

Já conhecemos os elementos principais de uma instalação elétrica e sua função. Vamos agora ver como implantar a instalação elétrica.

Normalmente, o construtor civil contrata a instalação elétrica de uma edificação com terceiros especializados que podem ser:

- um eletricista experimentado (assim esperamos, com registro profissional);
- uma firma de engenharia elétrica especializada.

A contratação pode ser:

- só mão de obra;
- mão de obra mais material.

Quando se contrata só a mão de obra, nós compramos o material, e o instalador aplica o nosso material. A grande preocupação aí é o desperdício.

Quando se contrata mão de obra mais material, a preocupação é a qualidade do material que ele vai usar. Boas especificações podem minorar ou impedir problemas. Em qualquer caso é fundamental:

- haver um projeto bem detalhado;
- haver especificações benfeitas;
- haver fiscalização da execução benfeita;
- que o executante tenha experiência e responsabilidade.

66   Instalações Elétricas Residenciais

As seguintes rotinas ajudam à fiscalização:

1. Executar um projeto elétrico completo, com:
   - diagramas elétricos;
   - plantas;
   - especificações[7];
   - memorial descritivo;
   - listas de materiais.

2. Analisar esse projeto antes do início da obra com o executante da parte elétrica, para ver se ele entendeu tudo e se concorda. O memorial descritivo deve indicar que caberá à construtora civil a colocação dos eletrodutos e caixas de passagem, na alvenaria e no concreto. Na alvenaria, será por rasgo na alvenaria pronta. No concreto, coloca-se previamente à concretagem.

3. Inspecionar os materiais ao chegarem na obra, comparando com o previsto nas especificações. Verificar quantidades pela lista de materiais. Guardar o material em local não sujeito à umidade e não sujeito a roubos.

4. As localizações de caixas e eletrodutos que ficarão embutidos no concreto deverão ser claramente indicadas para que se tome cuidado de se deixar isso no local da concretagem.

5. As extremidades dos eletrodutos e caixas de passagem devem ser obturadas para evitar a entrada de detritos. O corte nos eletrodutos deve ser a 90° do eixo. Elimine rebarbas que durante a enfiação podem destruir o isolamento dos cabos.

6. A enfiação deve ser feita após a limpeza de eletrodutos. Nas tubulações secas deve ser deixado arame passado (fio guia). Poderão ser utilizados talcos ou parafinas, como lubrificante que favorecerão o corrimento dos condutores na enfiação.

7. Os eletrodutos de PVC rígido roscável devem ser conforme NBR 15465. Eletrodutos de aço carbono devem ser conforme NBR 5597, 5598 (tipo pesado) e NBR 5624 (tipo leve).

8. Eletrodutos plásticos flexíveis, conforme NBR 15465, são atualmente muito utilizados em instalações embutidas em alvenaria. No caso de aplicação em lajes, deverão ser do tipo reforçado, com resistência à compressão adequada aos esforços mecânicos durante a concretagem.

9. Os cabos deverão ser de cobre, isolação mínima 750V, tipo PVC 70 °C conforme NBR 6148.

---

7 Se você entender que é difícil testar na obra se as especificações de material foram ou não atendidas, o único caminho é especificar pelas marcas mais tradicionais.

9. Como Contratar os Serviços de Instalação Elétrica de uma Residência?

10. Todas as emendas de fios deverão ser feitas nas caixas e nunca deverão se localizar no meio do eletroduto.

11. Curvas em eletrodutos metálicos feitas em obra deverão ser pré-fabricadas, ou executadas com maquinário adequado.

12. As tubulações para telefone devem obedecer às normas da concessionária. Obtenha-as. Elas variam de companhia para companhia.

13. Não se aceita o uso de eletroduto metálico flexível dentro de instalações embutidas.

14. As tomadas devem ser com três contatos (2P+T), conforme NBR 14136.

Essas são as especificações mínimas. Outras podem ser feitas para casos específicos.

Há, entretanto, uma dúvida que cerca sempre esses empreendimentos.

Há necessidade de se fazer o projeto dessas instalações tão padronizadas?

A resposta é clara e contundente: sim; e com todas as formalidades; desenhos com carimbos preenchidos, desenhos, numerados, data etc.

Queremos contar um caso. Um colega nosso chamado Costa, e nosso amigo, é um senhor engenheiro, excelente projetista e construtor. Um dia, ele decidiu construir sua casa de campo. Casa pequena e simples. Ele mesmo tocou a obra e a dirigiu em todos os detalhes. Casa térrea, sala, três quartos, cozinha, e dois banheiros. Sob o seu comando trabalharam:

- um mestre pedreiro,
- um encanador,
- um eletricista,
- serventes.

Ao terminar a obra, foi perguntado ao Costa qual a crítica que ele mesmo faria à obra que fez. Sua resposta honesta e categórica foi:

Para que fosse mais organizada, mais rápida e econômica, hoje eu faria:

- projeto arquitetônico completo,
- projeto hidráulico completo,

- *projeto elétrico* completo.

E projeto, estenda-se, como:

1. desenhos,
2. lista de materiais,
3. especificações,
4. memorial descritivo.

O projeto completo *planeja e organiza a obra*, mesmo quando o executor tem experiência.

A resposta então é:

> Faça o projeto elétrico, mesmo de casas pequenas.

Nota do Sr. Hans, tecnólogo experiente:

> Crie um local (caixa) para guardar os documentos do projeto.

10 COMO TESTAR E RECEBER UMA INSTALAÇÃO ELÉTRICA

Como dito no artigo anterior, o sucesso e o insucesso de uma rede elétrica se decide no projeto e instalação devidamente acompanhada e fiscalizada. Depois de pronta, o que se pode fazer é apenas verificar e corrigir, não de forma perfeita, o sistema.

Atenção, então, para cuidados de verificação para aceitar uma instalação elétrica:

1. Desligue todos os consumidores, mas deixe o sistema em carga e anote no relógio de luz a marcação mostrada. Daí a uma hora verifique se os ponteiros ou indicadores digitais mexeram-se. Se eles se mexeram, então há corrente de fuga em parte do sistema. Vá desligando os circuitos e verifique o que vai acontecendo no relógio de luz até detectar o ponto de fuga que pode ser:

   • condutor com contato com eletroduto metálico;

   • condutor em contato com carcaça metálica;

   • outro problema de fuga de corrente.

2. Outro teste para se saber se há corrente de fuga é verificar se há corrente em uma fase. Depois de desligar todos os consumidores, verificar, através de um amperímetro alicate, se há corrente em uma das fases; se houver, trata-se de fuga para a terra.

3. Verifique tatilmente se alguma tomada esquenta. Isso poderá significar uso de fio inadequado ou emenda malfeita.

4. Testar todas as tomadas, com voltímetro ou lâmpada de teste, uma por vez. Acionar todos os interruptores. Verificar se correspondem ao circuito indicado no diagrama trifilar do quadro de luz, e na planta do projeto.

5. Ligue todo o sistema para verificar se os fusíveis aguentam. Se algum fusível (ou disjuntor) der sinal de problema, não basta trocar o fusível ou rearmar o disjuntor, e sim verificar a causa do problema.

6. Senhor projetista elétrico e construtor, faça uma cópia do projeto elétrico e dê para o proprietário da casa. Guarde uma via no seu escritório. Um dia, o proprietário irá consultá-lo.

7. Alguns meses depois de pronta e em uso a instalação, analisar as contas de luz para verificar se o consumo (kWh) está compatível com o padrão da casa.

As recomendações acima são medidas práticas, baseadas na experiência dos autores. No entanto, o empreendedor deverá providenciar antes da entrega do imóvel uma verificação sistemática das instalações, efetuada por um técnico especializado.

A verificação deverá ser conforme o capítulo 7 da NBR 5410, devendo ser apresentada através de um laudo para que se providencie a correção de eventuais desvios encontrados.

A experiência nos tem mostrado que um projeto bem elaborado e a contratação de um profissional ou firma especializada para a execução das instalações não garantem que estas estarão em conformidade com o projeto e as normas. A verificação final é imprescindível.

Toda instalação elétrica tem um objetivo de uso. Um uso inadequado pode gerar problemas, apesar de um bom projeto e uma boa execução.

11 ERROS EM INSTALAÇÕES ELÉTRICAS

Conheça os erros mais comuns para evitá-los.

1. Fazer emendas de fios elétricos e deixar essa emenda no meio de um eletroduto (embutido ou não).

   Com o tempo a emenda pode se soltar e dar curto-circuito, energizando até paredes, via eletroduto metálico.

2. Não colocar fusível ou disjuntor no neutro, pois a sua interrupção pode causar o surgimento de valores de tensão elevados nas lâmpadas e aparelhos, provocando a sua queima.

3. Face ao fato de se queimar muitos fusíveis, colocar fusíveis de maior capacidade (maior amperagem). Erro. Se estiver queimando o fusível (ou desligando o disjuntor), o certo é descobrir a causa do problema (curto-circuito ou sobrecarga) que queimou o fusível ou desligou o disjuntor.

4. Ligar a tubulação metálica de água como terra. Esta prática está proibida pela NBR 5410.

5. Não ligue mais de um grande consumidor num circuito, ou seja, se você tem forno micro-ondas, máquina de secar roupa e chuveiro, faça um circuito para cada um.

   Se todos os dias houver horas em que as lâmpadas ficam mais fracas, ou seja, iluminam menos, possivelmente estamos diante de um problema da concessionária, que, para reparar isso, deverá reforçar a rede pública. Se, no entanto, a causa da queda do nível de iluminação ocorre quando em nossa casa se liga um chuveiro elétrico, ou se acendem várias lâmpadas, o problema é nosso, e seguramente a causa é subdimensionamento dos nossos circuitos. A solução é distribuir melhor os circuitos e, se necessário, trocar condutores por outros de maior seção.

6. Outra causa possível de queda de tensão é estarem ligados num circuito várias

72

Instalações Elétricas Residenciais

lâmpadas e um chuveiro elétrico. A solução será então separar circuitos, deixando um circuito para o chuveiro e um ou dois só para as lâmpadas.

7. *A questão do neutro sobrecarregado.* Algumas pessoas que trabalham em instalações elétricas não entendem a função do neutro e acham que ele pode ser sobrecarregado. Assim, essas pessoas despreparadas puxam apenas um condutor neutro para toda a instalação, e para as fases usam diâmetros corretos. Esse procedimento incorreto faz com que ocorram correntes excessivas no neutro.

Solução: conforme prescreve a NBR 5410, para cada circuito com condutor neutro, instalar este condutor com a mesma seção da fase a partir da barra de neutro do quadro de distribuição.

8. Cores da fiação – Um dos mais frequentes erros nas instalações é a não observância de cores na fiação. Por pressa ou economia, usam-se fios de todas as cores (cor do revestimento plástico).

A identificação da função dos condutores é obrigatória, mas não necessariamente por cores. Entretanto a identificação por cores é mais prática.

Quando identificados por cores, a isolação ou cobertura deve ser:

- neutro – azul-claro;
- Condutor de proteção – verde ou verde-amarelo;
- condutor PEN (neutro e condutor de proteção) – azul-claro, com anilhas verde-amarelo;
- fase – qualquer cor, exceto as anteriores.

Os demais componentes da instalação: quadros, dispositivos de comando, manobra ou proteção também devem ser identificados do acordo com a sua finalidade, através de placas, etiquetas ou outros meios adequados.

9. Erro clamoroso – colocar no box do banheiro:

- tomada,
- interruptor,
- lâmpada.

Isto é um erro. No box do banheiro não deve haver nenhuma instalação elétrica. A exceção é o próprio chuveiro elétrico que idealmente deveria ser colocado fora do box o que é difícil.

Tomamos então os cuidados:

- colocar o chuveiro em posição alta para evitar o contato com o usuário;
- instalar o condutor de proteção (terra) até o chuveiro.

11. Erros em Instalações Elétricas

- o circuito do chuveiro, além da proteção contra sobrecorrente, deve ser protegido por um dispositivo DR, com corrente diferencial residual menor ou igual a 30 mA (trinta miliampere).

O engenheiro eletricista Paulo Barreto publicou importantíssimo e interessantíssimo artigo técnico na Revista Engenharia n. 553, ano 2002, de título: "Iluminação em piscinas – os riscos de acidentes fatais".

Os autores acompanharam pelos jornais mortes em:

- clube sofisticado, que matou por choque elétrico uma jovem que usava as instalações da piscina.
- banheiro, matando mãe e filha por choque elétrico por uso inadequado e possivelmente desastrado de secador de cabelo em banheiro.

Lembrar que instalações elétricas demandam manutenção periódica por profissional habilitado. Em instalações como clubes, saunas, que existe a possibilidade de choques elétricos em ambientes úmidos, fazer inspeção a cada dois ou três anos no máximo.

12 PERGUNTAS E RESPOSTAS SOBRE INSTALAÇÕES RESIDENCIAIS

1. A instalação em 220 V é mais perigosa que a em 127 V?

Não. No caso dos sistemas em 220/127 V, a instalação em 220 V não é mais perigosa que a instalação em 127 V. O fato mais comum de acontecer é o ser humano tocar *uma fase* com o seu corpo. Ora, isso é igual na instalação 127 V ou 220 V. Só ocorreria o choque 220 V se a pessoa pegasse ao mesmo tempo com as duas fases, situação essa menos provável.

Há uma tendência mundial de se adotar para a distribuição em baixa tensão os sistemas trifásicos em 380/220 V, ou seja, 380 V entre fases e 220 V entre fase e neutro. Nestes casos, as instalações residenciais apresentam 220 V entre fase e neutro, e o choque em 220 V ocorre mesmo a pessoa tocando apenas uma fase. Entretanto, este valor de tensão não é perigoso desde que sejam tomadas todas as providências de proteção recomendadas pelas normas: condutores de proteção, equipotencialização, dispositivos DR em circuitos de banheiros e cozinhas etc.

2. O que mais influencia num choque elétrico?

O que influencia num choque elétrico é a corrente (I) que atravessa o corpo humano. Como V = RI e V = tensão da concessionária, o que vai determinar a corrente que atravessará o corpo humano é a resistência à passagem de corrente (R).

Vejamos as piores condições (baixo R, alto I):

- corpo molhado;
- falta de isolação;
- pisando num ralo metálico de esgoto do banheiro e que "dá terra".

Nessas condições, a resistência (R) do corpo humano é mínima e a corrente (I) será máxima.

Para se evitar essas críticas condições, deve-se, ao mexer em instalação elétrica:

- usar sapato de borracha, que funciona como isolante;
- pisar em cima de um estrado de madeira ou de borracha, que também funciona como isolante;
- usar luvas também isolantes;
- usar ferramentas isoladas (revestidas de plástico).

Com tudo isso, você estará isolado da passagem de corrente elétrica, pois sua resistência então será altíssima, e a corrente que passar será baixíssima.

Entretanto, segundo a NR-10, Segurança em instalações e serviços em eletricidade, as intervenções em instalações elétricas, mesmo em baixa tensão, somente podem ser realizadas por profissional habilitado. Portanto não é recomendável que, mesmo com os cuidados acima, pessoas não habilitadas mexam em instalações elétricas.

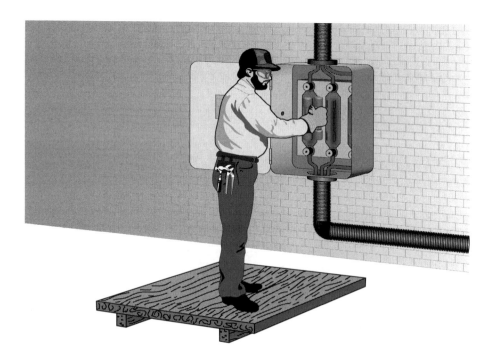

3. Numa loja de artigos elétricos, uma tomada para máquinas de lavar roupas para 220 V custava mais caro que uma tomada de 127 V. Isso é certo?

É roubalheira. Veja. Suponhamos um aparelho disponível no mercado nas tensões de 127 e 220 V, com uma demanda de potência W = V × I. Na instalação 127 V, a corrente elétrica será maior do que no caso de se instalar em 220 V. Logo, a tomada 220 V deveria ser "mais barata" que a de 127 V.

Na verdade, não há tomadas 127 V ou 220 V. Há só um tipo de tomada, que pode ser instalado em um circuito de 127 V ou de 220 V. Recomenda-se identificar as tomadas de acordo com a tensão do circuito, através de etiquetas adequadas, para se evitar a ligação de aparelhos na tensão errada.

Como já foi visto, para uso doméstico há um só tipo de tomada, em dois valores de corrente nominal: 10 A e 20 A. Somente para o caso de ligação de motores maiores, em instalações industriais (denominadas de força) é que se usam tomadas aptas a deixar passar grandes correntes.

4. O que é valor eficaz?

Analisemos o gráfico da variação da corrente alternada:

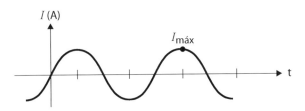

A corrente a cada segundo passa sessenta vezes por um valor máximo e sessenta vezes por um valor mínimo. No circuito, isso equivale a corrente entrar e sair sessenta vezes por segundo.

O valor médio da corrente seria nulo.

Em termos de geração de energia (caso do chuveiro), a energia térmica produzida não pode ser calculada pela tensão máxima (corrente máxima), pois isso é um pico e que, portanto, só dura um infinitésimo.

A geração térmica é dada pelo valor eficaz da corrente.

Prova-se matematicamente que o valor eficaz da corrente em um ciclo da senoide é dada por:

$$I_{ef} = I_{máx}/\sqrt{2}$$

Fisicamente, o valor eficaz de uma corrente alternada é o valor da intensidade de uma corrente contínua que produziria, numa resistência, a mesma energia térmica que a corrente alternada em questão.

Ou seja, numa instalação de corrente alternada de 60 ciclos/segundo, a geração do calor de uma corrente máxima de 50 A (I_M – corrente máxima) é igual à geração de calor de uma instalação de corrente contínua com a corrente de:

$$I = 50/\sqrt{2} = 50/1,414 = 35,3 \text{ A}$$

Da mesma forma, temos para tensão eficaz:

$$V_{ef} = V_{máx}/\sqrt{2}$$

As tensões dos sistemas (127/220 V) são tensões eficazes e não as tensões máximas.

5. O que é tensão nominal?

Como vimos, as tensões que caracterizam os sistemas não são as máximas, e sim as eficazes. Acontece que as concessionárias não conseguem manter tensões eficazes rigidamente constantes ao longo do dia.

As tensões nominais nos transformadores da concessionária correspondem ao valor eficaz da tensão, com o transformador em vazio, ou seja, sem carga. Ao atingir a plena carga, existe uma queda de tensão normal já nos terminais do transformador. Com este valor, acrescido da queda de tensão nos condutores admissível pelas normas, temos que a tensão na carga chega a ser, nos períodos com carga máxima, da ordem de 10% menor que o valor nos terminais do transformador em vazio.

Como os aparelhos elétricos têm possibilidade de funcionar sem dano com essas variações, as concessionárias designam como tensão nominal um número que designa o valor eficaz da tensão fornecida ao sistema. A tensão real que chega aos equipamentos pode variar com as horas do dia sendo normalmente inferior à tensão nominal.

6. Há polaridade nas tomadas de instalações elétricas prediais?

Como já foi visto, as tomadas segundo, a nova padronização brasileira, são não polarizadas, ou seja, o usuário não sabe qual é a fase e qual é o neutro.

Porém as novas tomadas apresentam polo para aterramento, este sim colocado em posição diferenciada em relação aos outros dois.

7. Desligando um rádio no seu comando próprio (botão liga-desliga) podemos mexer nele?

Às vezes sim, às vezes não.

Na tomada há um fio fase e um fio neutro, mas não sabemos pelo simples olhar qual o neutro e qual o fase. O circuito do rádio prevê um interruptor numa fase do circuito. Se essa parte se conectar com a fase, o rádio estará totalmente desenergizado. Se, ao contrário, o interruptor cortar o neutro do rádio, o rádio está desligado, mas energizado.

Veja :

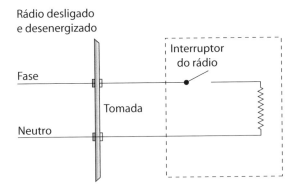

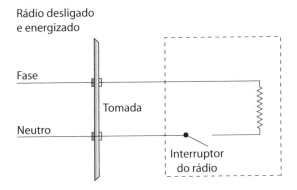

8. Como reconhecer o fio fase do fio neutro numa instalação elétrica?

Fazemos uma lâmpada teste e ligamos uma extremidade no fio em exame e outro no terra. Se acender é o fio fase.

Veja:

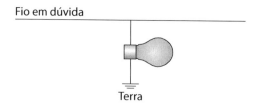

9. O que acontece se eu colocar fusível no neutro de instalação?

Vejamos o seguinte, instalação elétrica com dois circuitos:

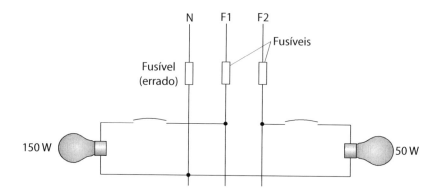

Se eu colocar fusível no neutro e se o fusível queimar, então se isolará esse condutor, e as lâmpadas de 150 W e 50 W ficarão em série, e ficando em série, a tensão que irá para a de 50 W irá queimá-la.

Se considerarmos que, invés da lâmpada de 150W, podemos ter uma geladeira ou um aparelho de televisão, vemos que poderemos ter situações em que a perda do neutro poderá causar a queima destes aparelhos.

Conclusão: não se deve colocar fusível (ou disjuntor) no neutro. JAMAIS!!!

10. Choque em televisão

Muita gente pensa que desligando um aparelho do seu interruptor o aparelho este desenergizado. Já vimos em questão anterior que mesmo desligando o aparelho elétrico pode estar energizado se não desligamos da rede.

Mas há um caso que mesmo desligando o aparelho e desligando da tomada ainda não podemos mexer no aparelho, pois pode dar choque elétrico (e nada desprezível). É o caso de televisores. Eles possuem um capacitor que guarda energia. Mesmo após cinco minutos de totalmente desligado, se mexermos nessa peça de

TV, podemos levar choque. Para mexer, tocar, esperar pelo menos uma hora, pois então o capacitor se descarrega naturalmente.

Em dúvida, use a lâmpada de teste.

11. Raio e Antena de TV. Como entender.

A antena externa de TV pode funcionar eventualmente como para-raios e, portanto, conduzir uma carga elétrica atmosférica.

Como vimos no capítulo sobre para-raios, o mastro da antena de TV deve ser interligado ao sistema de captores do SPDA da edificação. Desta forma, o raio será descarregado pelos condutores de descida.

No caso de não se prover esta interligação, a descarga poderá se dar pelo cabo da antena da televisão, o que poderá ser fatal.

12. Por que se diferenciam nos consumidores de energia os motores das cargas resistivas?

Há uma razão técnica para essa diferenciação.

Quando se aplica uma diferença de potencial elétrico nas extremidades de uma instalação elétrica ocorre uma corrente.

Como a tensão (diferença de potencial) é oscilante, a corrente é oscilante (corre para a direita e depois para a esquerda). Nas resistências (chuveiros elétricos, ferros elétricos), no mesmo momento que ocorre a máxima tensão, ocorre a máxima corrente. Então se diz que a tensão e corrente estão em fase.

Quando se faz a mesma experiência em um motor, verifica-se um fenômeno diferente. Quando a tensão está no máximo, a corrente não está no máximo.

Há uma defasagem. Vejam-se os esquemas:

O amperímetro mede o valor eficaz da corrente (I) que passa no ciclo (1/60s). O voltímetro marca o valor eficaz da diferença de potencial (V) que ocorre no ciclo (1/60s).

A potência elétrica dissipada pode ser medida pelo produto = VI, pois V e I estão em fase.

Vejamos agora o mesmo esquema montado para servir a um motor monofásico (de geladeira, liquidificador, máquina de lavar roupa).

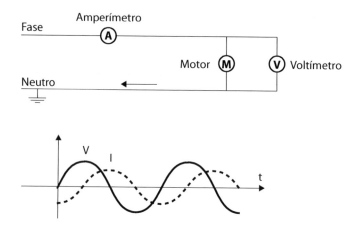

Se anotarmos a corrente indicada no amperímetro e a tensão no voltímetro, a potência consumida em Watts no motor não será P = VI, pois o máximo de V ocorre quando I não está no máximo. A potência elétrica que o motor está consumindo será menor e será:

$$P = V \cdot I \cos \varphi \ (W)$$

Onde φ é o ângulo que mede a defasagem entre tensão e corrente.

Dá-se o nome de fator de potência ao cos φ.

Para resistências elétricas, cos φ = 1.

Para motores, o cos φ varia de 0,5 a 0,95.

13. Por que alguns equipamentos elétricos têm sua característica elétrica indicada por VA (Volts Ampére) e não Watt?

Já esclarecemos algo na pergunta anterior, mas por ênfase repitamos.

Para cargas resistivas:

$$W = VI$$

12. Perguntas e Respostas sobre Instalações Residênciais

Assim, por uma lâmpada elétrica de 100 Watts num circuito 127 V passará a corrente:

$$100 = 127 \times I$$

$$I = 100/127 = 0,78 \text{ A}$$

Por outra lâmpada de 100 W num circuito 220 V passará a corrente de:

$$100 = 220 \times I$$

$$I = 0,45 \text{ A}$$

Uma máquina de lavar roupa possui o seu grande consumidor de potência, que é o motor. Como um dado importante para o projeto de instalação é a corrente elétrica, certos fabricantes dão para a tensão de trabalho, a corrente que a máquina absorve.

Vejam-se os dados de placa para máquinas de lavar roupa:

TENSÃO	CORRENTE
127 V	7 A

O consumo desta máquina será:

$$P = V \times I = 127 \times 7 = 889 \text{ VA}$$

Quer dizer que um motor ligado em 127 V absorverá uma corrente de 7 A.

Porém a corrente será defasada em relação à tensão, e a potência absorvida em W será menor que 889 VA e será dada pela expressão:

$$P = VI \cos \varphi$$

Admitindo-se, por exemplo, para este motor um valor de cos φ = 0,85, o valor da potência elétrica absorvida em W será:

$$P = VI \cos \varphi = 889 \times 0,85 = 756 \text{ W}$$

O exemplo acima mostra a diferença entre valores de potência elétrica absorvida pelo motor em W e em VA.

Um erro comum é aplicar-se a fórmula acima para obter o valor da corrente, entrando com a potência dada pelo fabricante do motor.

Ocorre que os valores de potência fornecidos pelos fabricantes referem-se à potência mecânica no eixo do motor, ou seja, a potência em W ou em cv[8] que o motor fornecerá ao equipamento que irá acionar.

Para obtermos o valor da corrente de um motor a partir de sua potência nominal, é necessário considerar ainda o valor do rendimento do motor.

Exemplo:

Determinar a corrente de um motor monofásico de ½ CV, cos φ = 0,67, rendimento η = 58%, alimentado em 220 V, 60 Hz.

Sendo 1 cv = 735,5 W

Pmec = ½ × 735,5 = 367,75 W (potência mecânica no eixo do motor)

Considerando o rendimento, a potência elétrica absorvida pelo motor:

$$P = Pmec/\eta = 367,75/0,58 = 634,0 \text{ W}$$

Agora sim entramos com este valor de potência para determinar a corrente:

$$I = P/ V \cdot \cos \varphi = 634/220 \times 0,67 = 4,3 \text{ A}$$

14. Como funciona um chuveiro elétrico?

Um chuveiro é um aparelho em que uma resistência elétrica é colocada dentro de uma caixa d'água circulante. Há que haver um compromisso entre:

- a vazão de água que passa;
- a temperatura de água que sai do aquecedor;
- a capacidade térmica do chuveiro.

Como a capacidade térmica do chuveiro é bastante limitada, pois tem que elevar água da faixa 15 – 20 °C até a faixa 60 °C em segundos, a vazão de água tem que ser algo pequena (banho de chuveiro não é banho de ducha).

---

8 cv – cavalo vapor = 735,5 W.

12. Perguntas e Respostas sobre Instalações Residênciais

Controla-se a vazão colocando-se uma redução de diâmetro na entrada do chuveiro. Se não usar essa limitação de vazão, o chuveiro solta bastante água e não esquenta. Se o chuveiro está ligado a uma caixa-d'água baixa, então a vazão será diminuída e a restrição da vazão não é necessária.

Entendido que há uma limitação de vazão que o chuveiro pode esquentar, pelo controle de torneira pode-se diminuir ainda mais a vazão aumentando a quentura da água.

Vejamos e interpretemos outras recomendações do fabricante:

- a pressão mínima é de um metro e máxima de oito metros (distância entre o chuveiro e o nível de água na caixa-d'água);

- se a pressão for maior que 8 m, instale um redutor de vazão (*nipple*) na entrada do chuveiro;

- o chuveiro deve estar no mínimo 2,25 m do piso do banheiro (razão de segurança contra possibilidade da pessoa encostar no chuveiro);

- achamos que, com o crescer da altura média da população, essa altura deveria passar a 2,60 m;

- deixar correr água em abundância, antes de ligar a parte elétrica. A razão é encher de água o chuveiro que é um verdadeiro radiador. Se ligarmos o chuveiro antes de ter sua carcaça cheia de água, a resistência poderá fundir;

- instale o chuveiro em um circuito direto do quadro de distribuição, ou seja, um circuito independente para o chuveiro, com o respectivo disjuntor para proteção;

- ligação com a terra. O chuveiro tem um fio (verde ou verde-amarelo) além dos dois fios (fase, fase ou fase, neutro). Ligar este fio ao condutor de proteção que deve acompanhar o circuito do chuveiro a partir da barra de proteção do quadro de distribuição.

15. Como entender a questão da voltagem[9] 110 V se às vezes aparece a voltagem 127 V, 115 V

Quando um aparelho é dito 110 V ou 220 V, ele pode ser usado numa faixa de valores para cima ou para baixo próximos a esses valores.

Isso é prático, pois às vezes as características das redes indicam tensões de 115, 127 e 230 V.

Assim tensões 115 V, 127 V podem ser aplicadas em aparelhos para 110 ou 127 V e as tensões 220 V e 230 V em aparelhos 220 V.

---

9 Tensão elétrica.

As tensões 115, 127, 220, 230 V são chamadas tensões nominais (tensões de referência). O valor real destas tensões varia um pouco ao longo do dia. De qualquer forma todas essas tensões são "tensões eficazes", ou seja, representantes de valores máximos divididos por $\sqrt{2}$.

Tensões Nominais	Tensão do aparelho
115 127	110 V ou 127 V
230 220	220 V

13 SIMBOLOGIA DOS DESENHOS ELÉTRICOS

Apresentamos a seguir símbolos mais comumente empregados em plantas de projetos de distribuição de luz e força, em instalações prediais.

Eletroduto embutido em paredes e lajes, (se não indicar o diâmetro é de 3/4")

Eletroduto embutido no piso

Luminária no teto
código do interruptor b
potência 100 W
circuito 1

Luminária tipo arandela (instalação na parede)

Condutores fase, neutro, retorno e de proteção, seção nominal 2,5 mm², pertencentes ao circuito 3

Interruptor: retorno d

Interruptor paralelo

Quadro de Distribuição: QDP – Quadro de Distribuição Principal; QDS – Quadro de Distribuição Secundário

Tomada baixa (0,30 m do chão)

Tomada média altura (1,10 m do chão)

14 PERÍCIAS EM INSTALAÇÕES ELÉTRICAS

1. Incêndio

Quando há um incêndio, ele pode ter como causa:

- dolo (vontade);
- combustão espontânea (concentração de calor em produto combustível);
- curto-circuito;
- outras causas.

Ocorrido um incêndio, procura-se sempre saber a causa. Os peritos procuram:

- descobrir a rota do fogo, ou seja, de que região ele começou;
- a temperatura média e máxima que ocorreu. O ponto de fusão dos vários metais ajuda a descobrir a temperatura alcançada em um incêndio;
- quando ocorre incêndio por curto-circuito, então em algum local aconteceu um curto e aí o cobre chegou a se derreter. O local do curto mostra um derretimento do cobre chamado de "choro de cobre" que são gotas de metal. Se não houver "choro", a causa do incêndio talvez não seja de curto--circuito.

Com esses dados, pode-se ter uma ideia sobre a causa de um incêndio.

Caso – Fogo no quarto do hotel

Após ocorrência do fogo, foi chamada a polícia, que enviou o seu perito. Vistoriado o hotel, descritas suas instalações, identificado o dono do negócio, o perito relatou no seu parecer:

1. O exame das partes remanescentes do incêndio, bem como a análise de sua evolução, revelaram que o fogo teve início imediatamente acima da janela do

quarto do apartamento, onde, na parede, achavam-se embutidos o quadro de luz e um aparelho de ar-condicionado.

2. O caminhamento do fogo se processou, de modo homogêneo e uniforme, da frente para os fundos do quarto, depois de atingidos os materiais combustíveis dos elementos decorativos existentes sob a janela (espuma sintética do sofá, montantes de madeira, carpete etc.).

Examinando-se o quadro de luz, constatou-se a presença de dois fusíveis, dos quais, um deles apresentava o seu terminal de cobre bastante marcado pelos efeitos de centelhamentos que ali se estabeleceram em decorrência da deficiente conexão (folga) entre a ligação dos fios com o terminal do porta-fusível. Como consequência, houve um superaquecimento dos fios do aparelho de ar-condicionado a ele ligados, os quais, quando dos exames, se achavam fundidos.

Dos danos

O incêndio danificou, tanto pela ação direta das chamas como pelos efeitos da fumaça e do calor propagados, toda a área instalada do quarto onde o fogo se iniciou, além de comprometer grande parte dos elementos construtivos que compunham o 2° e 3° pavimentos do apartamento.

Considerações finais

Face ao exposto, os peritos concluem que o incêndio em epígrafe foi originado pela fusão dos fios elétricos de ligação do aparelho de ar-condicionado, em decorrência do superaquecimento provocado pela deficiente conexão (folga) que se estabeleceu entre os referidos fios e o terminal do porta-fusível em que se achavam conectados. A alimentação e a propagação das chamas se deram pela presença dos materiais de fácil combustão (madeira e tecidos) que revestiam o compartimento onde se achavam instalados tanto o aparelho de ar-condicionado, como a fiação de entrada do apartamento.

FIM DO RELATÓRIO DO PERITO DA POLÍCIA

2. Casos de furto de energia elétrica

Caso n. 01 – O condômino espertinho

O síndico de um prédio reclamou na polícia que um condômino (apto. X) estava roubando energia do condomínio. O perito criminal foi até o prédio e constatou que:

14. Perícias em Instalações Elétricas

1. O relógio de luz do apartamento X estava desligado da alimentação da concessionária. Por informações dos vizinhos, isso era devido a constantes atrasos de pagamentos da conta de luz e que culminara no corte de fornecimento.

2. Apesar do corte de luz do apartamento, da rua dava para ver que a noite ele era intensamente iluminado. Como seria isso possível? Geração espontânea de energia?

3. A ida do perito ao hall do prédio de onde se localizava a porta de acesso ao apartamento mostrou as marcas do crime. O condômino do apto. X puxara da instalação do hall uma alimentação elétrica para seu apartamento.

4. O relatório do perito mostrou claramente os dois problemas que ocorriam:
   - furto de energia do condomínio pelo condômino do apto. X;
   - a fiação que atende a instalação do hall de 1,5 mm^2 (se a norma foi atendida, não sendo de se espantar que tenha sido usada a fiação de 1 mm^2). Em qualquer caso, essas fiações não têm condições de alimentar todos os usos elétricos de um apartamento. Havia, pois um risco de incêndio pelo superaquecimento que a excessiva demanda gerava para uma fiação tão pequena.

Caso n. 02 – Briga no cortiço

Em um cortiço em forma de vila com cinco casas ao longo de uma viela, havia uma única entrada de luz para as cinco moradias e um só relógio.

A conta mensal era dividida igualmente pelos cinco locatários que pagavam ao dono do cortiço. Acontece que, após certa data, a luz deixou de chegar às casas 4 e 5, as duas últimas casas da viela.

Os moradores dessas casas foram até a delegacia e acusaram os moradores das casas 1, 2 e 3 de usarem tanta energia, mas tanta energia, que não sobrava mais nada para eles que ficavam no fim da linha.

O delegado, que de energia elétrica não entendia nada, achou razoável a argumentação e mandou um perito para estudar a questão. A conclusão do perito foi completamente diferente.

No quadro geral que atendia ao cortiço chegam fase, fase e neutro.

As três primeiras casas do cortiço recebiam essas três linhas. As duas últimas casas do cortiço tinham sido construídas depois, e, por economia, para elas só foi ligado fase e neutro.

Um dia, queimou o fusível da fase que atendia a todos. Os moradores das casas 1, 2 e 3, ao invés de simplesmente trocarem o fusível, fizeram uma gambiarra e penduraram todos os seus aparelhos (eram todos 127V) na fase sem problemas.

Os moradores das casas 4 e 5 ficaram sem luz e achavam que os culpados eram os vizinhos. O perito orientou o pessoal, o fusível foi trocado, os circuitos das casas 1, 2 e 3 foram readaptados para usar os três fios e tudo foi resolvido. Veja:

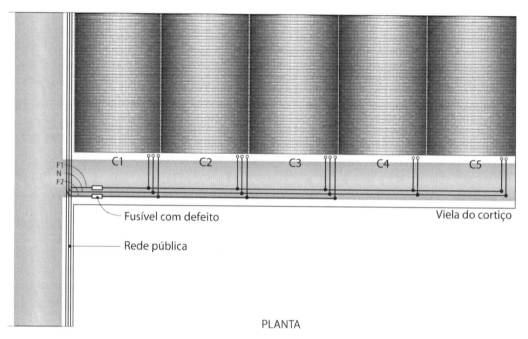

PLANTA

Final feliz...

3. Casos de acidentes

Caso n. 01 – Quando o neutro vira fase

(Vide jornal Folha de São Paulo – 07/06/90)

Um leitor mandou carta ao jornal dizendo que um dia vários de seus equipamentos elétricos domésticos queimaram ao mesmo tempo. Em resposta ao jornal, a concessionária, num ato de honestidade e responsabilidade, respondeu que a culpa era sua e pedia ao leitor um relatório dos danos para indenização.

Vamos tentar explicar o que deve ter acontecido baseado na resposta da concessionária ao jornal. Ao fazer um conserto no seu sistema de distribuição, deve ter sido desligado o circuito para que a intervenção fosse efetuada sem tensão. Ao religar a energia, o eletricista, por descuido, ligou primeiramente as fases e depois o neutro. Como já vimos em item anterior, isto pode fazer com que surjam tensões mais altas em equipamentos ligados entre fase e neutro, queimando, assim, os aparelhos.

Caso n. 02 – Falta do condutor de proteção pode matar

Voltemos a uma notícia de jornal onde consta a notícia "Descarga elétrica pode ter matado paciente".

Numa cidade distante cerca de 115 km de uma capital, um paciente de um hospital morreu por descarga elétrica ao se submeter a um simples e rotineira passagem num aparelho de raios X.

A notícia não dá outros dados, mas com enorme probabilidade podemos acreditar que as instalações do hospital não atendiam os requisitos da NBR 13534 – Instalações elétricas em estabelecimentos de saúde. Esta norma, obrigatória para as instalações hospitalares, apresenta requisitos especiais para a alimentação elétrica, sistema de aterramento e um sistema de supervisão de falha na isolação.

NOTA: Os autores utilizaram do colega engenheiro e perito criminal ADOLFO LEMES GILIOLI JR., dados e informações sobre os casos de perícia.

15 INSTALAÇÕES ELÉTRICAS EM CANTEIRO DE OBRA

As instalações elétricas de um canteiro de obra exigem cuidados específicos, pois:

- por serem temporárias podem, incorretamente, serem menosprezadas;
- o tipo de atividade que ocorre numa obra pode dar lugar à acidentes;
- demandarem maior potência elétrica do que a instalação definitiva face ao uso de serras elétricas, bombas e betoneiras.

As seguintes recomendações são mínimas:

1. Não trabalha em instalação elétrica quem não entende delas.

2. Siga as normas da ABNT, do Ministério do Trabalho e da concessionária.

3. Não existem instalações elétricas provisórias. Tudo tem de ser definitivo, ou com qualidade de definitivo.

4. Não faça reparos após o fim da luz do dia. Deixe para o dia seguinte, a menos que você tenha uma fonte de luz independente.

5. Use sempre sapato de borracha sem pinos metálicos e ferramentas isoladas (cabos revestidos de material isolante). Não pise em locais condutores (chapas metálicas) e sim em isolante (madeira seca ou borracha), use luvas isolantes e use óculos de proteção.

6. Todas as partes vivas (energizadas) devem permanecer cobertas quando em uso normal. Os quadros de distribuição devem ser providos de barreira de proteção, que impede o acesso involuntário às partes vivas.

7. Numa obra em que muitos participam, colocar bloqueio (chaves) no quadro elétrico para ter certeza que não haverá ligação inesperada.

8. Todas as ligações à tomadas devem ser através de plugue e nunca ligação direta por fio.

9. Nos quadros de distribuição, não utilizar chaves do tipo faca, com partes vivas acessíveis.

10. As chaves devem ficar dentro de quadros de distribuição e nunca expostas.

11. Cada equipamento elétrico deve ter o seu dispositivo de ligar e desligar. O comando de ligar e desligar de cada aparelho deve ser por este dispositivo e não pela chave geral. IMPORTANTE.

12. Os fios e cabos elétricos das instalações temporárias:
    - ou serão mantidos em posição alta por meio de postes;
    - ou serão mantidos em canaletas no chão devidamente cobertas.

CUIDADOS ADICIONAIS EM INSTALAÇÕES ELÉTRICAS TEMPORÁRIAS

Ver ilustrações a seguir.

1. Não são permitidas chaves tipo faca com partes vivas expostas. Use chaves blindadas em caixas protetoras.

2. Isso sim. Chave em caixa protetora e com cadeado para impedir acesso às partes internas por pessoas não autorizadas. Notar que é possível desligar o circuito sem abrir a caixa por um comando lateral (manopla) que deve ser provido de dispositivo para trava na posição aberta, a fim de impedir a reenergização em caso de manutenção.

3. Quadro de comando com fusíveis e alavanca de desligamento externo. Para desligar o circuito não é necessário abrir a caixa.

4. A proteção com barras evita choques contra o quadro de comando elétrico e protege o operador.

5. A fiação está protegida contra abalroamentos.

6. Instalação definitiva da cablagem subterrânea.

7. As instalações elétricas aéreas devem ser tão altas que impeçam o choque entre elas e o trânsito.

8. Aparelho com três fios. Dois fios são para a alimentação. O terceiro fio é o condutor de proteção. Conforme a NBR 5410, os aparelhos ou equipamentos elétricos devem ter sua carcaça aterrada através de condutor de proteção. Há uma exceção: aparelhos classe II, com isolação dupla ou reforçada, não devem ser aterrados. Ferramentas portáteis normalmente são classe II.

9. As obras com segurança são mais humanas e econômicas.

Referência: Instalações Elétricas em Canteiro de Obras – SINDUSCON/SP FUNDACENTRO

15. Instalações Elétricas em Canteiro de Obra

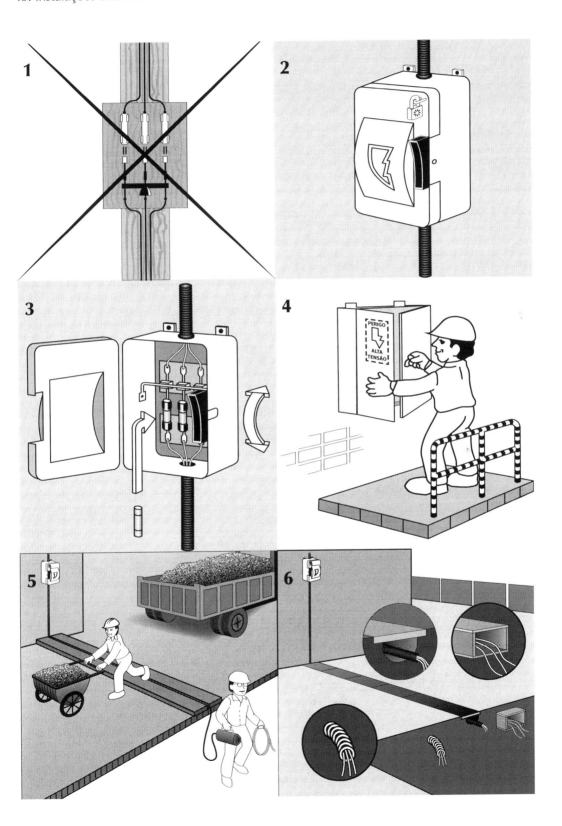

16 RELAÇÃO DE TERMOS TÉCNICOS E SUAS EXPLICAÇÕES

Concessionária – Pessoa jurídica detentora de concessão federal para explorar a prestação de serviços públicos de energia elétrica.

Conduíte – O mesmo que eletroduto, ou seja, dispositivo de proteção de fiação elétrica.

Disjuntor – Dispositivo de proteção do circuito, que interrompe a corrente nos casos de curto circuito ou sobrecarga (corrente acima da capacidade de condução da fiação devido a excesso de carga).

Fator de demanda – Quando se tem vários equipamentos do mesmo tipo, pode-se admitir que nem todos eles estarão ligados ao mesmo tempo. O fator (porcentagem) que mede isso, é o fator de demanda.

Fator de potência – Índice que mede a defasagem entre uma tensão e sua corrente. Não tem maior importância em instalações residenciais, mas tem enorme importância em instalações industriais. Procura-se sempre trabalhar com fatores de potência próximos a um. Baixos fatores de potência condicionam que para atender a uma determinada potência se precise de maior corrente aumentando a seção dos condutores.

Força – Instalação onde se prevê motores de pelo menos média potência. A instalação de elevadores é um exemplo de instalação de "força". Serras elétricas, máquinas de solda, motores de bomba de média e alta capacidade, idem.

Interruptor bipolar – Interruptor que, ao ser acionado, liga ou desliga duas fases.

Interruptor monopolar – Interruptor que liga ou desliga uma fase.

QDP – Quadro de distribuição principal.

QDS – Quadro de distribuição secundário.

Ramal de entrada – Condutores e acessórios compreendidos entre o ponto de entrega de energia pela concessionária e a medição.

Retorno – Em circuitos de iluminação, o condutor que vai da luminária ao interruptor. No caso de circuitos bifásicos, os condutores que vão da luminária interruptor (bipolar).

SELV – Do inglês *separated extra-low voltage.*

SPDA – Sistema de proteção contra descargas atmosféricas.

Valor eficaz de tensão – É a tensão máxima da senoide dividida por $\sqrt{2}$. O valor eficaz de tensão é igual à tensão contínua que, aplicada a um resistor, produziria a mesma quantidade de calor.

Tensão nominal – Designa o valor da tensão de um sistema.

Voltagem – Tensão elétrica.

17 SUMÁRIO DE ELETRODINÂMICA

A) Leis Fundamentais

1ª Lei

$$V = RI$$

ou seja,

A tensão em volts (V) é igual ao produto da corrente em ampères (A) pela resistência em ohm (Ω) (R).

Ex.: um aparelho em 220 V tem uma corrente de 5A. Qual sua resistência?

$$V = RI \quad 220 = R \cdot 5$$
$$R = 220/5 = 45 \, \Omega$$

2ª Lei

$$W = VI = I^2R = V^2/R$$

Ou seja – Dada a potência elétrica (W) ela é o produto de tensão pela corrente.

Ex.: um aparelho elétrico de 60 W foi ligado numa tensão de 127 V. Qual é a corrente?

$$W = V \, I \quad 60 = 127 \cdot I$$
$$I = 60/127 = 0,47 \, A$$

Ex.: um chuveiro elétrico tem a potência 2000 W e liga-se em 220 V. Qual sua resistência?

$$W = V^2/R \quad 2.000 = 220^2/R$$

$$R = 220.220/2000 = 24,2 \ \Omega$$

Sua corrente será de

$$V = R \ I$$

$$220 = 24,2 \times I$$

$$I = 9,09 \ A$$

B) Formas de Instalações de Aparelhos

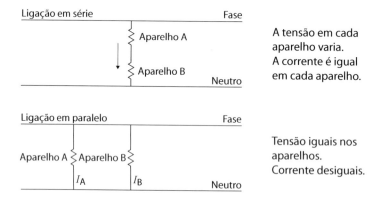

As instalações elétricas domiciliares usam, na sua esmagadora maioria, para não dizer totalidade, a ligação em paralelo.

O único caso de instalação predial de instalação em série são as "lâmpadas de árvore de Natal" que são ligadas em série. Queimou uma, obstrui a passagem de corrente para todo o circuito e então desliga tudo.

Veja:

17. Sumário de Eletrodinâmica

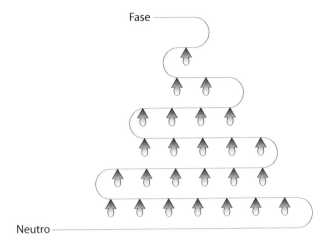

Esquema de circuito em série de lâmpadas de natal.

18 MAIS PERGUNTAS DOS LEITORES E RESPOSTAS

1) Carta de P. A. S., de Botucatu – SP.

No projeto elétrico apresentado no seu trabalho "Instalações Elétricas Prediais", o dimensionamento dos fios elétricos foi feito apenas levando em conta a potência elétrica dos equipamentos a serem ligados. Não existe um outro critério de dimensionamento associado à queda de tensão?

Resposta:

Sim. Em projetos de casas maiores ou em locais onde haja maior extensão de pontos a serem servidos deve haver um segundo critério considerado: a queda de tensão por perda de carga ao longo da fiação. Esse critério, no caso de casas típicas de classe média e média não muito alta não é necessário, pois então as distâncias não são grandes.

2) Carta de J. M. M., de São Paulo – SP

Embora o assunto fator de potência (cos φ) esteja fora do âmbito do trabalho, você poderia dar um exemplo de quando isso ocorre na prática?

Resposta:

Se você, ao especificar um motor para uma bomba hidráulica, a bomba precisando de um motor de 20 cv e for instalado por erro total um motor de 50 cv você está criando problemas com o chamado fator de potência.

Baixos fatores de potência não "desperdiçam energia", apenas fazem que para atender a uma determinada potência real você tenha uma corrente elétrica maior gerando uma cablagem (fiação) maior.

Altas correntes elétricas sim, geram perdas térmicas maiores e a concessionária não é ressarcida por elas.

Luminárias fluorescentes podem também gerar instalações com "cos φ" muito baixo. Isto pode ser evitado, especificando-se reatores com correção do fator de potência (alto fator de potência).

Ter na sua instalação um cos φ baixo é mais ou menos como puxar um balde de água com uma corda exageradamente grossa. No final da história, você consegue a mesma água, mas você gasta energia (perda térmica pelo excesso de corrente) pelo fato da corda ser mais pesada e de mais difícil trabalhabilidade.

3) Carta de P. A. S., de Sorocaba – SP.

Botelho e Márcio, um caso que vocês não falaram no livro é o caso da corrente nos motores de carros.

Resposta:

Na partida do carro, o motor de arranque é alimentado em corrente contínua gerada quimicamente a partir de baterias.

Note que a corrente de partida de motores é extremamente alta, superior a 60 A, que exigiria cabo de seção 16 mm^2. A alta corrente exigida é que gera a recomendação de se desligar as luzes do carro ao dar a partida. Em baterias novas, luzes deixadas ligadas por algumas horas não causam problemas.

Dar seguidas partidas em um motor que não pega (e não recarrega a bateria) pode descarregar a bateria.

Após a partida do motor, o sistema elétrico do carro é alimentado pelo alternador, ligado em paralelo com a bateria. O alternador alimenta o sistema elétrico do carro, ao mesmo tempo que repõe as perdas da bateria, mantendo-a carregada.

O alternador gera em corrente alternada, que é transformada em corrente contínua através de uma ponte retificadora.

4) Carta de P. P. T., do Rio de Janeiro.

Qual a diferença de bateria e de pilha?

Resposta:

A bateria é um conjunto químico reversível, ou seja, ocorre uma reação e é gerada potência elétrica. Com o funcionamento do motor, e graças ao alternador, a reação química se reverte e a bateria se carrega. Nas pilhas a reação é irreversível. Gastou, gastou.

Na verdade, tudo isso deve ser encarado com relatividade. Nas baterias, o recarregamento não é 100% perfeito, e com o tempo a bateria envelhece. As pilhas, se deixadas descansar, podem reverter pequena parte de suas potências, e mesmo velhas voltam a se carregar parcialmente, muito parcialmente.

E já que estamos falando de baterias, lembremos a regra da "chupeta", quando queremos dar partidas em um carro de bateria fraca, com a bateria boa de outro carro.

Através de "grossos fios" (pois vamos dar partida a um motor) ligamos polo (+) com polo (+), e polo (–) com polo (–). Veja:

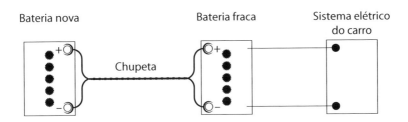

5) Carta de S. N. K., de Belém do Pará

É verdade que o chuveiro elétrico é proibido em certos países?

Resposta:

Não temos certeza se ele é proibido, mas ele pode, se incorretamente instalado, se transformar em uma cadeira elétrica. Imaginemos a série de absurdos a seguir.

A tubulação de água que vai até o chuveiro é de plástico até o registro e metálica a seguir. O terra do chuveiro não foi feito.

O usuário pisa em ralo metálico com ligação metálica, até a terra.

Nesse instante, o usuário põe a mão na carcaça metálica do chuveiro, ou no registro metálico que está energizado, seja por um fio malandro, seja por uma condução elétrica natural da água, passando potencial da resistência elétrica à carcaça metálica (a água é condutora). Temos então o quadro fatal. Veja a série de erros:

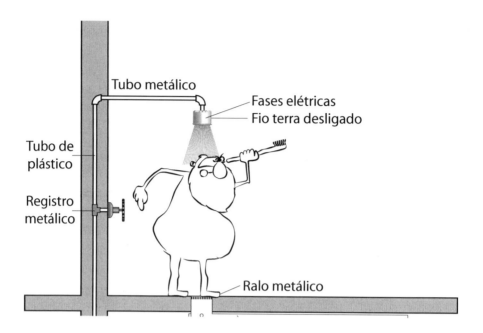

O contato do usuário em qualquer parte metálica (registro ou chuveiro), se os dois estão eletricamente carregados seja por uma fiação com defeito, seja naturalmente pela condução de água, faz a corrente passar pelo corpo do homem e sair pelo ralo metálico ligado à terra.

Como corrigir isso:

- fazendo o aterramento das partes metálicas;
- não usar dois tipos de canalização;
- instalar o DR no quadro de distribuição em que está o circuito do chuveiro, como manda a norma

6) Carta de A.P.T., de Feira de Santana – BA.

Qual a diferença do fio do meu liquidificador e da minha enceradeira?

Resposta:

Liquidificadores, luminárias (abajur) são peças de pequena mobilidade. Usa-se para essas peças fiação de pequena mobilidade (dobragem) mecânica.

Enceradeiras, aspiradores de pó, exigem grande modalidade. Face a isso, usa-se um tipo de cabo composto de fios mais finos. É o cabo elétrico que tem a vantagem de grande flexibilidade. Em termos elétricos não há diferença.

18. Mais Perguntas dos Leitores e Respostas

7) Carta de M. T. K., de Porto Alegre – RS.

Moro em uma cidade onde tenho três fios e, portanto, tenho 115 e 230 V. Minha geladeira, aspirador, TV e toca-discos são de 110 V. Estou indo me mudar temporariamente numa casa em uma cidade onde só existe a tensão 220 V. É correto pegar um dos fios fase e criar um novo fio ligado à terra tendo assim 115 V?

Resposta:

Caro M. T. K., a resposta é NÃO! Nas cidades com 115 e 230 V, temos três fios, um dos quais é o neutro com tensão de terra. Nas cidades com dois fios, a tensão única é 230 V. Você não deve fazer o proposto, pois nestes casos não há neutro aterrado no transformador da concessionária, e, portanto, não haverá retorno de corrente para a fonte.

Em alguns municípios, a tensão de distribuição é 380/220 V. As residências recebem 220 V, a dois fios, fase e neutro. Também neste caso a solução proposta não funcionaria, pois entre a fase e terceiro fio ligado à terra teríamos novamente 220 V.

A solução é colocar transformador, ou seja, um para cada aparelho, ou um transformador para vários aparelhos (verificar a capacidade elétrica para isso).

8) Carta de A. V. P., São Paulo – SP.

O fusível ou o disjuntor protege o circuito contra um excesso de corrente e ele é calculado para todo o circuito carregado. E se num circuito estiver tudo desligado, com exceção de um aparelho, o fusível, ou disjuntor não o protegerá?

Resposta:

Excelente pergunta. Fusíveis ou disjuntores são escolhidos em função da fiação do circuito. Eles são protetores do circuito. Eles podem não proteger um determinado aparelho que deve ter seu próprio fusível.

9) Descargas atmosféricas

Na região de minha residência, há muita incidência de raios e as instalações elétricas são velhas e não existem dispositivos de proteção. Trabalho com computador e não posso perder nada, como agir?

Resposta:

1. Grave todas as tardes, no fim do expediente, seus arquivos em um *pen drive*.

2. Modernize suas instalações elétricas instalando o sistema de aterramento e dispositivos de proteção. Durante a tempestade com muita ocorrência de raios e trovões, como medida emergencial, se ainda não colocou as proteções necessárias, aja da seguinte forma:

- desligue os computadores;

- desconecte o computador do sistema elétrico, pois mesmo estando desligado pode receber surtos elétricos pela rede e ser danificado;

- importante é também desligar os cabos do modem, pois se sua rede telefônica for construída de fios de cobre, transmitirão as descargas para o seu computador. Lembre-se que, mesmo com o computador desligado, a internet continua funcionando.

10) E-mail (furioso) de um leitor de Erechim - RS

Em dias muito frios, aqui em Erechim neva. O chuveiro elétrico de maior potência não consegue esquentar a água o suficiente para um bom banho. Pode?

Resposta:

Esta é uma limitação do chuveiro elétrico. Não há o que fazer.

11) Leitor V. C. B. M.

Porque a norma não padroniza em todos os interruptores botão para desligar o circuito para baixo e para cima ligado?

Resposta:

A existência do circuito paralelo impede essa padronização pois, face a esse circuito, os botões podem estar em duas posições, com as mesmas funções.

Caro Leitor

Envie suas perguntas e os autores se esforçarão para responde-las na próxima edição deste livro. Lembre-se: as suas dúvidas com certeza são também dúvidas de outros leitores.

19 VÁRIOS ASSUNTOS

19.1 LAUDO TÉCNICO SOBRE AS INSTALAÇÕES ELÉTRICAS DE UM PEQUENO PRÉDIO

Num pequeno prédio de escritório com um elevador, prédio com cerca de 30 anos de vida, foi feito em 2007 um relatório inspeção, por um profissional habilitado, das instalações elétricas prediais das áreas em comum (condominiais) e que resultou nas seguintes conclusões:

1) Funcionário

O funcionário zelador do prédio não tinha nenhum treinamento para atender as primeiras providências de uso das operações elétricas. Esse empregado usava relógio com pulseira metálica, corrente de pulso e corrente de peito metálica, o que demonstra falta de cuidado e falta de atenção e conhecimento dos riscos envolvidos na operação dos equipamentos elétricos.

- o funcionário não tinha treinamento de combate a incêndios;
- o funcionário não tinha noções de primeiros socorros;
- o funcionário não tinha EPI (Equipamentos de Proteção Individual) adequados para serviços de eletricidade.

2) Centro de Medição

- substituir porta de entrada de madeira por outra de metal;
- colocar placa de aviso de atenção e perigo;
- providenciar diagrama unifilar e deixá-lo em lugar bem visível;
- instalar Barra Equipotencial Principal com ligação de todas as tubulações, estruturas metálicas e aterramento da edificação.

2.1) Caixa Seccionadora – (caixa da concessionária) não existência de lacre na porta, providenciar sua colocação junto à concessionária;

2.2) Circuitos de Proteção – é necessário reorganizar fios desorganizados; instalar proteção contra acesso às partes vivas;

3) Quadros de Distribuição

- providenciar identificação dos quadros e circuitos;
- providenciar diagrama trifilar;
- substituir fusíveis tipo rolha ou cartucho por disjuntores;

4) Casa de Máquinas – Elevador

- substituir porta de entrada de madeira por outra de metal ou porta corta fogo;
- reparar emendas de fios elétricos;
- reparar fiação exposta na luminária;
- extintor de incêndio vencido. Trocar por um com validade;
- colocar aviso de perigo na porta.

5) Sistema de Para-Raios

- falta de ligação equipotencial em todas as estruturas metálicas no topo da edificação;
- instalar pontos de medição nas descidas, através de caixas de inspeção adequadas;
- providenciar livro de registro para anotações de inspeções medidas de resistência de terra e manutenção futuras do para-raios;
- revisar o sistema de aterramento do para-raios;
- como é correto, não foram detectados pontos da edificação mais altos que o topo dos para raios.

Referências

NR-10 Norma Regulamentadora do Ministério do Trabalho e Emprego

NBR 5410 – norma ABNT - Instalações Elétricas de Baixa Tensão

NBR 5419 – norma ABNT – Proteção de estruturas contra descargas atmosféricas (Para-raios).

19.2 INTERPRETANDO OS DADOS DE UMA LÂMPADA INCANDESCENTE

Segundo tradicional fabricante, os dados de uma lâmpada de 100 watts e 127 volts de tensão são (está no invólucro da lâmpada) :

- 127 volts é a tensão nominal da lâmpada;
- a lâmpada tem 1620 lúmens, que é luminosidade que ela emite;
- a norma que a fabricação da lâmpada atende é a NBR 14671.

Vejamos como trabalha essa lâmpada em várias situações:

Tensão (V)	Potência (W)	Emissão de luz (lumens) (lm)	Eficiência luminosa (lm/W)	Vida útil (horas)
127	100	1620	16,2	750
124	96	1488	15,5	1000
120	92	1342	14,6	1600
115	86	1161	13,5	2850

Interpretando os dados do invólucro da lâmpada:

se a tensão for permanentemente de 124 V, a potência consumida em watts é de 96 W, a emissão é de 1.488 lúmens, a eficiência lm/W é de 15,5 e a vida útil média é de 1.000 horas;

se a tensão for permanentemente maior (digamos 127 V), aumenta a potência elétrica consumida, sobe a eficiência luminosa e cai a vida útil da lâmpada.

LÚMEN E LUX

Lúmen é emissão de luz que sai de uma fonte (por exemplo, uma lâmpada).

Lux é a consequência da iluminação num ambiente. Lux é unidade critério para definir o conforto luminoso de um ambiente.

Para assuntos de iluminação veja:

www.inmetro.gov.br – Comitê Brasileiro de Iluminação – Inmetro;

www.abric.org.br – Associação Brasileira de Iluminação Cênica;

www.abilux.com.br – Associação Brasileira da Indústria da Iluminação;

www.abil.org.br – Associação Brasileira de Iluminação;

www.asbai.org – Associação Brasileira de Arquitetos de Iluminação;

www.lumearquitetura.com.br – Revista Lume Arquitetura, especializada em iluminação e arquitetura;

www.abee-sp.org.br – Associação Brasileira de Engenheiros Eletricistas de São Paulo.

19.3 OS TRÊS PATINHOS FEIOS DOS SISTEMAS ELÉTRICOS: A LÂMPADA INCANDESCENTE, O BENJAMIM E O CHUVEIRO ELÉTRICO

Vejamos as críticas a esses três personagens:

- lâmpada incandescente – a crítica maior é sua baixa eficiência, pois maior parte da potência consumida se transforma em calor e não em luminosidade. Há uma forte tendência de abandonar seu uso.

    Entretanto, as lâmpadas incandescentes, e suas similares melhoradas, como lâmpadas halógenas e lâmpadas dicroicas, têm excelente reprodução de cores, sendo as que mais se aproximam do espectro da luz natural. São adequadas para ambientes em que se requeira maior conforto visual ou nos casos em que a reprodução de cores é fundamental.

- benjamim – o mais terrível dos três patinhos. Numa tomada onde se imaginava fosse instalado um aparelho, com o benjamim, podem se instalar 2, 3, 4 ou mais aparelhos, sobrecarregando o circuito de alimentação. Se você tiver que usar o benjamim use para no máximo dois aparelhos e um deles que consuma baixa potência, como rádio, por exemplo.

- chuveiro elétrico – em poucos países se usa tanto chuveiros elétricos como no Brasil. No chuveiro elétrico, entra água fria e em segundos de circulação interna a água tem que alcançar temperatura de 50 °C, ou mais. Para resolver tal desafio, a potência consumida tem que ser alta. Por causa disso e pelo fato do uso chuveiro elétrico ser entre as 6 e 8 h da manhã e entre 21 e 22 h, essa demanda de potência a ser suprida pela concessionária é alta, encarecendo toda a fiação das ruas e até sobrecarregando as fontes geradoras.

19.4 O TEMPO E AS INSTALAÇÕES ELÉTRICAS

A passagem de eletricidade aquece os condutores e, com o tempo, o plástico que os envolve irá se ressecando e com isso perdendo a sua função de isolação elétrica. Isto pode vir a causar curto-circuito, gerando liberação de muito calor e podendo ser foco de incêndio. Cabe, portanto, periodicamente fazer uma inspeção na instalação elétrica, que pode culminar na necessidade da troca de toda a fiação elétrica.

19.5 DIFERENÇA ENTRE NEUTRO E CONDUTOR DE PROTEÇÃO

No condutor neutro, numa instalação em uso, sempre está retornando corrente elétrica para o sistema da concessionária de eletricidade.

No condutor de proteção só acontece corrente quando há uma falha no sistema, pois:

"Lugar de corrente elétrica é só na fase e no neutro. Corrente elétrica no condutor de proteção (fio terra) é sinal de problema".

Numa instalação perfeita, trinta anos se passarão e nunca passará corrente no condutor de proteção.

19.6 ANALOGIA ENTRE OS FENÔMENOS ELÉTRICOS E OS SISTEMAS HIDRÁULICOS

SISTEMA ELÉTRICO			SISTEMA HIDRÁULICO		
Conceito	Unidade	Símbolo da unidade	Conceito	Unidade	Símbolo da unidade
Tensão elétrica (voltagem)	Volt	V	Pressão de água	Metro de coluna de água	mH_2O
Corrente elétrica	Ampère	A	Vazão de água	Litros por segundo	L/s
Consumo de eletricidade a cobrar	Energia elétrica	kWh	Consumo de água a cobrar	Metro cúbico	m^3

20 NORMAS APLICÁVEIS EM PROJETOS ELÉTRICOS

As normas aplicáveis são:

1. ABNT – Associação Brasileira de Normas Técnicas

As principais normas da ABNT aplicáveis em instalações elétricas residenciais são:

NBR 5410 – Instalações elétricas em baixa tensão.

NBR 5411 – Instalações de chuveiros elétricos e aparelhos similares – Procedimento.

NBR 5444 – Símbolos gráficos para instalações elétricas prediais.

NBR 6147 – Plugues e tomadas para uso doméstico.

NBR 5597 – Eletrodutos rígidos de aço carbono com revestimento protetor com rosca ANSI.

NBR 6150 – Eletrodutos de PVC rígidos – Especificação.

NBR 5361 – Disjuntores de baixa tensão.

NBR 5419 – Proteção de estruturas contra descargas atmosféricas (para-raio).

NBR 12483 – Chuveiros elétricos.

NBR 13534 – Instalações elétricas de baixa tensão – Requisitos específicos para instalação em estabelecimentos de saúde.

NBR 14011 – Aquecedores instantâneos de água e torneiras elétricas – Requisitos.

NBR 15465 – Sistemas de eletrodutos plásticos para instalações elétricas de baixa tensão – Requisitos de desempenho.

NBR NM 60454-3-1-5 – Fita isolante.

NOTA: Pelo Código de Defesa do Consumidor, Lei Federal n. 8078, art. 39, item VIII: na falta de leis específicas, o cumprimento da norma ABNT é obrigatório.

2. Ministério do Trabalho e Emprego

NR 10 – Segurança em instalações e serviços em eletricidade.

21 ENTENDER AS PRINCIPAIS UNIDADES DE MEDIDAS ELÉTRICAS E SEUS SÍMBOLOS

A lista a seguir mostra as principais unidades elétricas e seu símbolo correspondente, na sequência: símbolo e unidade.

símbolo	unidade
k	quilo – mil 10^3
M	mega – 10^6
C	coulomb – carga elétrica
A	ampère – medida de corrente elétrica
V	volt – medida de tensão elétrica
J	joule – medida de trabalho (energia)
W	watt – medida de potência
cv	cavalo vapor – antiga medida de potência – 0,736 kW
hp	*horse power* – antiga medida de potência e ligeiramente diferente do cv – 0,746 kW
Hz	hertz – medida de frequência elétrica
VA	voltampere – em sistemas resistivos como os de uma resistência 1 VA = 1 W
Ω	ohm – medida de resistência elétrica
mho	medida de condutividade elétrica (o inverso de ohm)
lúmen	lm – unidade de medida de fluxo luminoso
lux	unidade de iluminamento

NOTAS:

1. No caso de homenagem a personalidades da física (Coulomb, Ampère, Volt, Watt), as unidades são sempre escritas com letras maiúsculas.

2. As unidades não vão para o plural. Logo 1 W, 3 W (ou seja, 1 watt e 3 watts).

3. Letra maiúscula só deve ser usada como símbolo. Assim o correto é:

   "Um circuito tem uma corrente de 72 A, ou seja, setenta e dois ampères."

   "A tensão num circuito é de 127 V, ou seja, cento e vinte e sete volts."

4. Quando se usa o símbolo m à esquerda e junto a outro símbolo, ele então significa milésimo. Assim:

$$37 \text{ mA: trinta e sete miliampere } = \frac{37}{1000} \text{A}$$

$$42 \text{ mL: quarenta e dois mililitros } = \frac{42}{1000} \text{L}$$

22 PROJETOS ELÉTRICOS PROGRESSIVOS

Vamos explicar os projetos elétricos para várias edificações permitindo uma compreensão progressiva.

22.1 CASO 1 – QUARTO E BANHEIRO

No caso 1, apresentamos a planta de instalação elétrica de uma residência muito simples, com apenas um quarto e banheiro.

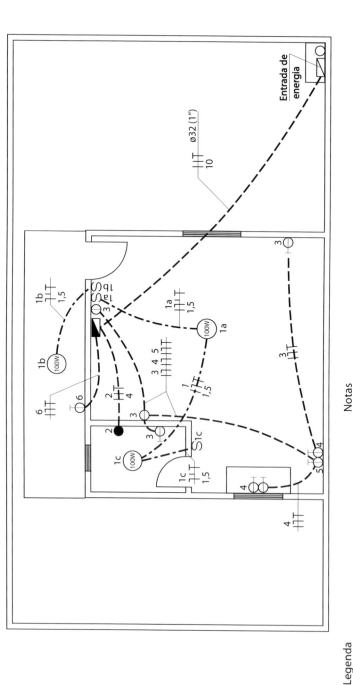

22.2 CASO 2 – UMA CASA BEM POPULAR

Inicia-se a explicação do projeto elétrico residencial a partir do projeto de arquitetura

A casa popular em pauta é composta de um quarto, cozinha e banheiro. A área construída é de 4,05 m × 9,65 m = 39 m^2. Em determinadas entidades, ligadas à construção de conjuntos populares, essa casa tem o nome de "casa embrião", por permitir que uma família nela se abrigue e com o tempo se amplie. Como um embrião que, amparado pelo útero materno, cresce e se fortalece e com o tempo sai do útero e tem vida independente.

As características do terreno pouco interferem no projeto elétrico residencial.

Notar que a arquitetura da casa pouco detalha a localização de peças, pois isso não é necessário para o projeto elétrico.

CASO 2
CASA POPULAR

Entrada de energia

ø32 (1")

Dormitório

Banho

Cozinha

Notas

1 Onde não indicado, os eletrodutos são de ø25 (3/4") e os condutores de 2,5 mm^2

2 Todas as tomadas são do tipo 2P+T

3 Cores da fiação fase, retorno - preto

neutro - azul-claro

proteção - verde-amarelo

Legenda

Quadro de luz

Eletroduto embutido na laje

Eletroduto embutido no piso

Ponto de luz teto

Interruptor simples

Ponto de conexão (220V) instalado a 2,20 m do piso

Tomada monofásica (127V) instalada a 1,20 m do piso

Tomada monofásica (127V) instalada a 0,30 m do piso

Condutores fase, neutro, retorno e de proteção seção 1,5 mm^2, circuito 1

DES:		APROV:	DATA:	/	/
TÍTULO:	RESIDÊNCIA				**CASO 2**
	INSTALAÇÕES ELÉTRICAS				
ESCALA		NÚMERO			Rev.

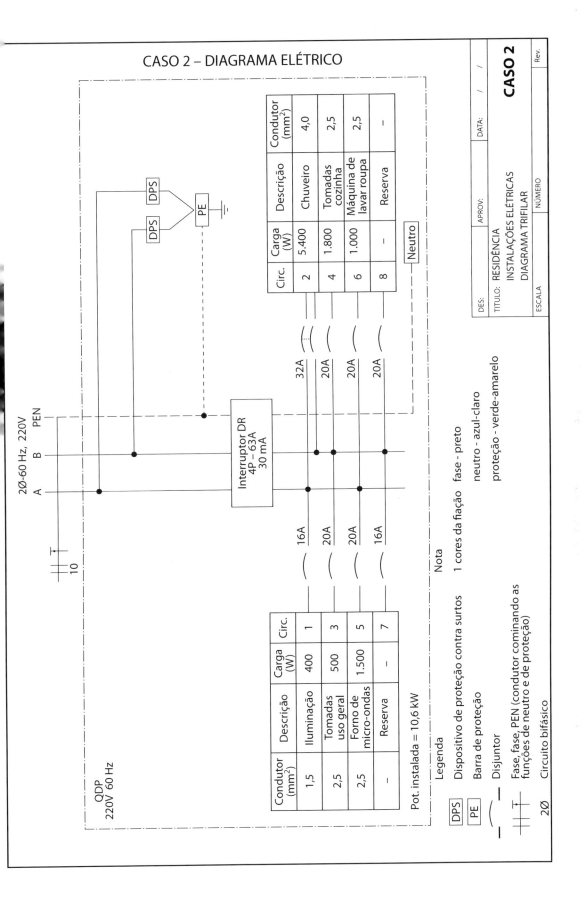

Informações gerais

1. Aspectos civis

O arquiteto ou engenheiro civil que orientou o projeto das edificações (casos 1 e 2) estabeleceu os usos elétricos (pontos de luz, tomadas, interruptores, chuveiro elétrico, máquina de lavar roupa) e o projeto elétrico vai obedecer.

2. Chegada da energia elétrica

Sempre existe uma firma concessionária de energia que é obrigada a entregar a energia elétrica:

- com uma determinada tensão elétrica (voltagem) alternada;
- determinada frequência (60 hertz) ou seja a cada segundo a energia, oscila 60 vezes. Essa frequência é padrão para todo o país;
- com segurança.

Para indústrias, o pedido de ligação deve informar a potência elétrica a consumir e outras informações.

No caso de instalação de eletricidade para residências, o pedido é mais simples. A concessionária vai atender à demanda da residência.

Ver o diagrama elétrico, pois ele vai nos orientar na interpretação do sistema.

Chega à edificação:

- dois condutores A e B, defasados em termos de voltagem;
- um condutor neutro que a concessionária aterra fora dos limites do terreno do interessado.

Cada condutor é de cobre, isolado com seção nominal 10 mm^2, inclusive o neutro.

Os condutores A e B se conectados podem acionar e fornecer energia elétrica em:

tensão 127 V, se conectados entre fase A e neutro;

tensão 127 V, se conectados entre fase B e neutro;

tensão 220 V, se conectados entre fase A e fase B.

Os três condutores da concessionária chegam ao terreno do consumidor via um poste padronizado e aí é instalada a caixa de medição onde constam:

- medidor de energia consumida em kWh, também chamado de relógio de luz;

- disjuntor (equipamento de segurança) para evitar correntes elétricas exageradas no caso de sobrecarga ou curto-circuito. No caso, o disjuntor é adequado para proteção do circuito de entrada deverá ser bipolar de 50 A.

A concessionária é obrigada a fazer fora dos limites do terreno deste consumidor e atendendo a toda região o aterramento do condutor neutro. Com o aterramento do neutro, a sua tensão elétrica é nula. Além do aterramento feito pela concessionária, dentro do terreno do consumidor é necessário aterrar o neutro novamente. Aterrar é ligar eletricamente à terra. Para aterrar usa-se um condutor de aterramento da mesma seção ($10 \mathrm{~mm}^2$) do condutor neutro conectado a uma haste metálica enterrada no terreno.

Como novidade algo recente temos dois dispositivos a serem instalados no Quadro de Distribuição da casa (caso 1 e caso 2):

- O DR – dispositivo diferencial residual, detecta fugas de corrente e nesse caso desliga o circuito. Para residências pequenas é mais prático e econômico instalar um único DR, protegendo todos os circuitos.

- O DPS – dispositivo de proteção contra surtos, protege os aparelhos eletrônicos, contra surtos de tensão provenientes da rede da concessionária.

3. Circuitos a partir do quadro de distribuição

Uma instalação elétrica deve ser dividida em circuitos totalmente independentes, para permitir desligamentos parciais e reparos em parte do sistema sem que o restante tenha que ser interrompido.

No Quadro de Distribuição no interior da casa o projetista decidiu, no nosso caso, face sua experiência e face às informações do arquiteto ou do engenheiro civil, projetar e prever oito circuitos, a saber, todos saindo do quadro de luz interno à casa:

- circuito 1 – para atender a iluminação de toda a casa. Foram previstos 400 W a serem usados. O condutor é o $1{,}5 \mathrm{~mm}^2$, que é a seção mínima para instalações prediais. É um circuito 127 V, usando, portanto, uma fase e o neutro.

- circuito 2 – é específico para atender ao chuveiro elétrico estimado de consumir 5.400 W, exigindo condutor de $4{,}0 \mathrm{~mm}^2$, o mais grosso da instalação. É um circuito 220 V, o único na casa. Notar no diagrama o detalhe de se ligar em duas fases.

- circuito 3 – tomadas de uso geral, condutor de 2,5 mm^2 (seção mínima, segundo a norma para circuitos de tomadas). Vai atender tomadas do quarto e do banheiro (TV, rádio, barbeador elétrico etc.). É um circuito 127 V usando fase e neutro. As tomadas da cozinha estão em outro circuito.

- circuito 4 – tomadas da cozinha em exceção da tomada do forno de micro-ondas – condutor de 2,5 mm^2. É um circuito 127 V usando, pois, fase e neutro.

- circuito 5 – específico para atender ao forno de micro-ondas na cozinha. Voltagem de 115 V. Condutor de 2,5 mm^2 para atender carga de 1.500 W.

- circuito 6 – previsto para atender à máquina de lavar roupa, na tensão de 127 V.

- circuitos 7 e 8 – circuitos de reserva para uso futuro.

No circuito 2, onde está instalado o chuveiro elétrico, não deve ser instalada tomada, e sim ponto de conexão. Neste caso recomenda-se que a ligação seja feita através de conectores apropriados: blocos de porcelana ou conectores de poliamida (nylon) ou polietileno.

Detalhemos os circuitos

Para o dormitório:

- um interruptor de luz simples, circuito 1d;
- quatro tomadas monofásicas 127 V (uso geral) a 0,30 m do piso, circuito 3;
- um ponto de luz (100 W) no centro de sala. circuito 1d.

Para o banheiro:

- uma tomada monofásica no banheiro para uso geral a 1,20 m do piso, circuito 1;
- uma tomada para o chuveiro (erro, erro, erro, pois para chuveiro não se conecta o mesmo em tomada e sim em ponto de conexão, como foi explicado); portanto, não é tomada e sim ponto de conexão 220 V alimentado pelo circuito 2;
- um ponto de luz no teto (lâmpada de 100 W), acionado por interruptor na entrada do banheiro (circuito 1).

Para a cozinha:

- quadro de luz (quadro de distribuição) de onde saem os seis circuitos atualmente previstos a saber 1, 2, 3, 4, 5 e 6;
- ponto de luz (100 W no circuito 1);
- dois interruptores 1a e 1b, respectivamente para acionar ou desligar o ponto de luz da cozinha e da área externa;
- três tomadas monofásicas (115 V) instaladas a 1,20 m do piso do circuito 4;
- uma tomada monofásica para o forno de micro-ondas (circuito 5);

E fora da casa (área externa):

- ponto de luz comandado pelo interruptor 1b;
- tomada para uma máquina de lavar roupa do lado de fora da cozinha, circuito 6.

4. Explicando a legenda

Vamos explicar a legenda dos três desenhos:

Quadro de Distribuição – deve ser comprado um de acordo com as características mostradas no item Materiais;

disjuntor – dispositivo de segurança para não deixar passar altas correntes. Os fusíveis tipo rolha não têm mais sido empregados, por não atenderem as normas;

eletroduto – peça de seção transversal circular vazada que protege os condutores. Eletrodutos podem ser de aço ou PVC. Num mesmo eletroduto podem passar condutores de vários circuitos. No caso foram escolhidos eletrodutos de PVC do tipo corrugado flexível de 25 mm^2 (¾");

ponto de luz no teto – é o popular lustre com lâmpada incandescente de 100 W (a mais comum);

interruptor simples – é o dispositivo instalado no fio fase e nunca no neutro e no retorno que energiza ou não, daí em diante até o ponto de consumo;

ponto de conexão – para o chuveiro elétrico;

tomada monofásica – uso geral, podendo se situar a 1,20 m do piso ou 0,30 m do piso. As tomadas são sempre do tipo 2P+T (novidade), ou seja, a tomada é aterrada (agora existe obrigatoriamente o condutor terra indo até a tomada, dando maior segurança contra choques ao usuário);

condutores: fase, neutro, retorno e terra – são fios ou cabos de cobre devidamente encapados por envoltória de plástico que os isola de contatos elétricos não desejados. Existem em várias seções (1,5 - 2,5 - 4 - 6 e 10 mm^2 ou de seções superiores).

5. Explicando a lista de materiais

A lista de materiais deve ser um documento autônomo que, com ela, e só com ela, um comprador vai a um estabelecimento comercial e compra tudo. Logo, uma lista de materiais deve ter:

- especificação do produto;
- quantidade do produto, seja em número de peças (quadro de luz, tomadas), seja em extensão (caso de condutores).

A lista de materiais deve relacionar as quantidades com folgas razoáveis, principalmente os produtos comprados em extensão.

Os condutores previstos na lista de materiais para o nosso projeto são:

- fio 1,5 mm^2 (seção mínima para circuitos);
- fio 2,5 mm^2;
- fio 4 mm^2;
- fio 2,5 mm^2;
- cabo 10 mm^2 (usado na entrada para fase e neutro).

Todos os condutores serão adquiridos nas cores:

- preto (ou qualquer outra cor, menos as abaixo) para as fases;
- azul-claro, para o neutro;
- verde-amarelo ou verde, para o condutor de proteção.

Também devem constar na lista de materiais o poste particular e a caixa de medição, onde se instala o relógio de luz e o dispositivo de proteção geral. O poste, a caixa de medição e o dispositivo de proteção geral, são comprados e instalados pelo consumidor.

Os condutores, eletroduto e acessórios do ponto de entrega até o relógio de luz também são comprados e instalados pelo consumidor.

O medidor de energia é fornecido pela concessionária. Destacamos que erradamente esse relógio é chamado de medidor de energia. O termo certo é totalizador de energia, e a concessionária vai ler mensalmente o valor totalizado de kWh deduzindo da medida anterior e por subtração se sabe o consumo de energia no mês.

Curiosidade – rádios, abajur, fornos micro-ondas, geladeira e ferros elétricos exigem condutores apropriados para dar mobilidade de uso, usando para isto cabos elétricos de alta flexibilidade.

22.3 CASO 3 – E SE A CASA FOR MAIOR?

Como a divisão do sistema elétrico da casa é por circuitos com fins específicos, para residências bem maiores teremos maior número de circuitos (vários circuitos de iluminação, por exemplo). Se a casa tem muitos banheiros, um circuito para cada chuveiro. Logo o quadro de luz será maior face ao aumento dos circuitos, com maior número de disjuntores.

A seção nominal dos condutores de entrada será maior devido ao aumento da carga instalada.

22.4 LISTA DE MATERIAIS – CASO 2

(A lista de materiais da casa 1 segue os mesmos cuidados)

Casa de dois cômodos

Projeto elétrico, lista de materiais

Item	Descrição	Unid.	Quant.
1	Quadro de distribuição – 220/127 V, 60 Hz para embutir, em PVC anti-chama, grau de proteção IP 40, com barras de neutro e de proteção, porta e espelho interno para proteção contra contatos diretos, contendo interruptor DR, disjuntores e dispositivos de proteção contra surtos (DPS) e identificação dos circuitos conforme diagrama trifilar.	cj	1
2	Disjuntor termomagnético, bipolar, 50A, capacidade de interrupção 5 kA em 220 V, a ser instalado na caixa para dispositivo de proteção e manobra, no ponto de entrada de energia.	pç	1
3	Cabo de cobre, encordoamento classe 5, isolação em PVC, 450/750 V, na cor preta, resistente à chama. Seção nominal 10 mm^2.	m	20
4	Cabo de cobre, encordoamento classe 5, isolação em PVC, 450/750 V, na cor azul-claro, resistente à chama. Seção nominal 4 mm^2.	m	10

(continua)

(continuação)

Item	Descrição	Unid.	Quant.
5	Cabo de cobre, encordoamento classe 5, isolação em PVC, 450/750 V, na cor preta, resistente à chama. Seção nominal 4 mm².	m	10
6	Cabo de cobre, encordoamento classe 5, isolação em PVC, 450/750 V, na cor verde-amarelo, resistente à chama. Seção nominal 4 mm².	m	5
7	Cabo de cobre, encordoamento classe 5, isolação em PVC, 450/750 V, na cor preta, resistente à chama. Seção nominal 2,5 mm².	m	50
8	Cabo de cobre, encordoamento classe 5, isolação em PVC, 450/750 V, na cor azul-claro, resistente à chama. Seção nominal 2,5 mm².	m	50
9	Cabo de cobre, encordoamento classe 5, isolação em PVC, 450/750 V, na cor verde-amarelo, resistente à chama. Seção nominal 2,5 mm².	m	30
10	Cabo de cobre, encordoamento classe 5, isolação em PVC, 450/750 V, na cor preta, resistente à chama. Seção nominal 1,5 mm².	m	30
11	Cabo de cobre, encordoamento classe 5, isolação em PVC, 450/750 V, na cor azul-claro, resistente à chama. Seção nominal 1,5 mm².	m	15
12	Cabo de cobre, encordoamento classe 5, isolação em PVC, 450/750 V, na cor verde-amarelo, resistente à chama. Seção nominal 1,5 mm².	m	15
13	Interruptor simples, de embutir, 10 A – 250 V, com placa para caixa 4"x 2".	pç	2
14	Conjunto com dois interruptores simples, de embutir, 10 A – 250 V, com placa 4"x2".	pç	1
15	Tomada, 2 P + T 10 A – 250 V, conforme norma NBR 14236, com placa para caixa 4"x2".	pç	10
16	Conjunto de interruptor simples e tomada 2 P + T 10 a – 250 V, conforme NBR 14136, com placa para caixa 4"x2".	pç	1
17	Eletroduto flexível, corrugado, em PVC não propagador de chama, conforme NBR 14465, diâmetro nominal 32 (1").	m	10
18	Eletroduto flexível, corrugado, em PVC não propagador de chama, conforme NBR 14465, diâmetro nominal 25, (3/4").	m	40
19	Caixa de ligação para embutir, em PVC não propagador de chama, 4"x2".	pç	15
20	Luminária tipo globo, em vidro leitoso, com lâmpada incandescente de 100 W.	pç	4

23 TRANSCRIÇÃO DA NR 10

NR 10 – Segurança em Instalações e Serviços em Eletricidade

Projeto elétrico, lista de materiais NR 10 – SEGURANÇA EM INSTALAÇÕES E SERVIÇOS EM ELETRICIDADE

Publicação	D.O.U.[10]
Portaria GM n.º 3.214, de 08 de junho de 1978	06/07/78
Alterações/Atualizações	D.O.U.
Portaria SSMT n.º 12, de 06 de junho de 1983	14/06/83
Portaria GM n.º 598, de 07 de dezembro de 2004	08/09/04

(Texto dado pela Portaria GM n.º 598, de 07 de dezembro de 2004)

10.1 - OBJETIVO E CAMPO DE APLICAÇÃO

10.1.1 Esta Norma Regulamentadora – NR estabelece os requisitos e condições mínimas objetivando a implementação de medidas de controle e sistemas preventivos, de forma a garantir a segurança e a saúde dos trabalhadores que, direta ou indiretamente, interajam em instalações elétricas e serviços com eletricidade.

10.1.2 Esta NR se aplica às fases de geração, transmissão, distribuição e consumo, incluindo as etapas de projeto, construção, montagem, operação, manutenção das instalações elétricas e quaisquer trabalhos realizados nas suas proximidades, observando-se as normas técnicas oficiais estabelecidas pelos órgãos competentes e, na ausência ou omissão destas, as normas internacionais cabíveis.

10.2 - MEDIDAS DE CONTROLE

10.2.1 Em todas as intervenções em instalações elétricas devem ser adotadas medidas preventivas de controle do risco elétrico e de outros riscos adicionais, me-

---

10 D.O.U. DIário Oficial da União.

diante técnicas de análise de risco, de forma a garantir a segurança e a saúde no trabalho.

10.2.2 As medidas de controle adotadas devem integrar-se às demais iniciativas da empresa, no âmbito da preservação da segurança, da saúde e do meio ambiente do trabalho.

10.2.3 As empresas estão obrigadas a manter esquemas unifilares atualizados das instalações elétricas dos seus estabelecimentos com as especificações do sistema de aterramento e demais equipamentos e dispositivos de proteção.

10.2.4 Os estabelecimentos com carga instalada superior a 75 kW devem constituir e manter o Prontuário de Instalações Elétricas, contendo, além do disposto no subitem 10.2.3, no mínimo:

a) conjunto de procedimentos e instruções técnicas e administrativas de segurança e saúde, implantadas e relacionadas a esta NR e descrição das medidas de controle existentes;

b) documentação das inspeções e medições do sistema de proteção contra descargas atmosféricas e aterramentos elétricos;

c) especificação dos equipamentos de proteção coletiva e individual e o ferramental, aplicáveis conforme determina esta NR;

d) documentação comprobatória da qualificação, habilitação, capacitação, autorização dos trabalhadores e dos treinamentos realizados;

e) resultados dos testes de isolação elétrica realizados em equipamentos de proteção individual e coletiva;

f) certificações dos equipamentos e materiais elétricos em áreas classificadas;

g) relatório técnico das inspeções atualizadas com recomendações, cronogramas de adequações, contemplando as alíneas de "a" a "f".

10.2.5 As empresas que operam em instalações ou equipamentos integrantes do sistema elétrico de potência devem constituir prontuário com o conteúdo do item 10.2.4 e acrescentar ao prontuário os documentos a seguir listados:

a) descrição dos procedimentos para emergências;

b) certificações dos equipamentos de proteção coletiva e individual;

10.2.5.1 As empresas que realizam trabalhos em proximidade do Sistema Elétrico de Potência devem constituir prontuário contemplando as alíneas "a", "c", "d" e "e", do item 10.2.4 e alíneas "a" e "b" do item 10.2.5.

10.2.6 O Prontuário de Instalações Elétricas deve ser organizado e mantido atualizado pelo empregador ou pessoa formalmente designada pela empresa, devendo permanecer à disposição dos trabalhadores envolvidos nas instalações e serviços em eletricidade.

23. Transcrição da NR 10

10.2.7 Os documentos técnicos previstos no Prontuário de Instalações Elétricas devem ser elaborados por profissional legalmente habilitado.

10.2.8 - MEDIDAS DE PROTEÇÃO COLETIVA

10.2.8.1 Em todos os serviços executados em instalações elétricas devem ser previstas e adotadas, prioritariamente, medidas de proteção coletiva aplicáveis, mediante procedimentos, às atividades a serem desenvolvidas, de forma a garantir a segurança e a saúde dos trabalhadores.

10.2.8.2 As medidas de proteção coletiva compreendem, prioritariamente, a desenergização elétrica conforme estabelece esta NR e, na sua impossibilidade, o emprego de tensão de segurança.

10.2.8.2.1 Na impossibilidade de implementação do estabelecido no subitem 10.2.8.2., devem ser utilizadas outras medidas de proteção coletiva, tais como: isolação das partes vivas, obstáculos, barreiras, sinalização, sistema de seccionamento automático de alimentação, bloqueio do religamento automático.

10.2.8.3 O aterramento das instalações elétricas deve ser executado conforme regulamentação estabelecida pelos órgãos competentes e, na ausência desta, deve atender às Normas Internacionais vigentes.

10.2.9 - MEDIDAS DE PROTEÇÃO INDIVIDUAL

10.2.9.1 Nos trabalhos em instalações elétricas, quando as medidas de proteção coletiva forem tecnicamente inviáveis ou insuficientes para controlar os riscos, devem ser adotados equipamentos de proteção individual específicos e adequados às atividades desenvolvidas, em atendimento ao disposto na NR 6.

10.2.9.2 As vestimentas de trabalho devem ser adequadas às atividades, devendo contemplar a condutibilidade, inflamabilidade e influências eletromagnéticas.

10.2.9.3 É vedado o uso de adornos pessoais nos trabalhos com instalações elétricas ou em suas proximidades.

10.3 - SEGURANÇA EM PROJETOS

10.3.1 É obrigatório que os projetos de instalações elétricas especifiquem dispositivos de desligamento de circuitos que possuam recursos para impedimento de reenergização, para sinalização de advertência com indicação da condição operativa.

10.3.2 O projeto elétrico, na medida do possível, deve prever a instalação de dispositivo de seccionamento de ação simultânea, que permita a aplicação de impedimento de reenergização do circuito.

10.3.3 O projeto de instalações elétricas deve considerar o espaço seguro, quanto ao dimensionamento e a localização de seus componentes e as influências externas, quando da operação e da realização de serviços de construção e manutenção.

10.3.3.1 Os circuitos elétricos com finalidades diferentes, tais como: comunicação, sinalização, controle e tração elétrica devem ser identificados e instalados separadamente, salvo quando o desenvolvimento tecnológico permitir compartilhamento, respeitadas as definições de projetos.

10.3.4 O projeto deve definir a configuração do esquema de aterramento, a obrigatoriedade ou não da interligação entre o condutor neutro e o de proteção e a conexão à terra das partes condutoras não destinadas à condução da eletricidade.

10.3.5 Sempre que for tecnicamente viável e necessário, devem ser projetados dispositivos de seccionamento que incorporem recursos fixos de equipotencialização e aterramento do circuito seccionado.

10.3.6 Todo projeto deve prever condições para a adoção de aterramento temporário.

10.3.7 O projeto das instalações elétricas deve ficar à disposição dos trabalhadores autorizados, das autoridades competentes e de outras pessoas autorizadas pela empresa e deve ser mantido atualizado.

10.3.8 O projeto elétrico deve atender ao que dispõem as Normas Regulamentadoras de Saúde e Segurança no Trabalho, as regulamentações técnicas oficiais estabelecidas, e ser assinado por profissional legalmente habilitado.

10.3.9 O memorial descritivo do projeto deve conter, no mínimo, os seguintes itens de segurança:

a) especificação das características relativas à proteção contra choques elétricos, queimaduras e outros riscos adicionais;

b) indicação de posição dos dispositivos de manobra dos circuitos elétricos: (Verde – "D", desligado e Vermelho - "L", ligado);

c) descrição do sistema de identificação de circuitos elétricos e equipamentos, incluindo dispositivos de manobra, de controle, de proteção, de intertravamento, dos condutores e os próprios equipamentos e estruturas, definindo como tais indicações devem ser aplicadas fisicamente nos componentes das instalações;

d) recomendações de restrições e advertências quanto ao acesso de pessoas aos componentes das instalações;

e) precauções aplicáveis em face das influências externas;

f) o princípio funcional dos dispositivos de proteção, constantes do projeto, destinados à segurança das pessoas;

g) descrição da compatibilidade dos dispositivos de proteção com a instalação elétrica.

23. Transcrição da NR 10

10.3.10 Os projetos devem assegurar que as instalações proporcionem aos trabalhadores iluminação adequada e uma posição de trabalho segura, de acordo com a NR 17 – Ergonomia.

10.4 - SEGURANÇA NA CONSTRUÇÃO, MONTAGEM, OPERAÇÃO E MANUTENÇÃO

10.4.1 As instalações elétricas devem ser construídas, montadas, operadas, reformadas, ampliadas, reparadas e inspecionadas de forma a garantir a segurança e a saúde dos trabalhadores e dos usuários, e serem supervisionadas por profissional autorizado, conforme dispõe esta NR.

10.4.2 Nos trabalhos e nas atividades referidas devem ser adotadas medidas preventivas destinadas ao controle dos riscos adicionais, especialmente quanto a altura, confinamento, campos elétricos e magnéticos, explosividade, umidade, poeira, fauna e flora e outros agravantes, adotando-se a sinalização de segurança.

10.4.3 Nos locais de trabalho só podem ser utilizados equipamentos, dispositivos e ferramentas elétricas compatíveis com a instalação elétrica existente, preservando-se as características de proteção, respeitadas as recomendações do fabricante e as influências externas.

10.4.3.1 Os equipamentos, dispositivos e ferramentas que possuam isolamento elétrico devem estar adequados às tensões envolvidas, e serem inspecionados e testados de acordo com as regulamentações existentes ou recomendações dos fabricantes.

10.4.4 As instalações elétricas devem ser mantidas em condições seguras de funcionamento e seus sistemas de proteção devem ser inspecionados e controlados periodicamente, de acordo com as regulamentações existentes e definições de projetos.

10.4.4.1 Os locais de serviços elétricos, compartimentos e invólucros de equipamentos e instalações elétricas são exclusivos para essa finalidade, sendo expressamente proibido utilizá-los para armazenamento ou guarda de quaisquer objetos.

10.4.5 Para atividades em instalações elétricas deve ser garantida ao trabalhador iluminação adequada e uma posição de trabalho segura, de acordo com a NR 17 – Ergonomia, de forma a permitir que ele disponha dos membros superiores livres para a realização das tarefas.

10.4.6 Os ensaios e testes elétricos laboratoriais e de campo ou comissionamento de instalações elétricas devem atender à regulamentação estabelecida nos itens 10.6 e 10.7, e somente podem ser realizados por trabalhadores que atendam às condições de qualificação, habilitação, capacitação e autorização estabelecidas nesta NR.

10.5 - SEGURANÇA EM INSTALAÇÕES ELÉTRICAS DESENERGIZADAS

10.5.1 Somente serão consideradas desenergizadas as instalações elétricas liberadas para trabalho, mediante os procedimentos apropriados, obedecida a sequência abaixo:

a) seccionamento;

b) impedimento de reenergização;

c) constatação da ausência de tensão;

d) instalação de aterramento temporário com equipotencialização dos condutores dos circuitos;

e) proteção dos elementos energizados existentes na zona controlada (Anexo I);

f) instalação da sinalização de impedimento de reenergização.

10.5.2 O estado de instalação desenergizada deve ser mantido até a autorização para reenergização, devendo ser reenergizada respeitando a sequência de procedimentos abaixo:

a) retirada das ferramentas, utensílios e equipamentos;

b) retirada da zona controlada de todos os trabalhadores não envolvidos no processo de reenergização;

c) remoção do aterramento temporário, da equipotencialização e das proteções adicionais;

d) remoção da sinalização de impedimento de reenergização;

e) destravamento, se houver, e religação dos dispositivos de seccionamento.

10.5.3 As medidas constantes das alíneas apresentadas nos itens 10.5.1 e 10.5.2 podem ser alteradas, substituídas, ampliadas ou eliminadas, em função das peculiaridades de cada situação, por profissional legalmente habilitado, autorizado e mediante justificativa técnica previamente formalizada, desde que seja mantido o mesmo nível de segurança originalmente preconizado.

10.5.4 Os serviços a serem executados em instalações elétricas desligadas, mas com possibilidade de energização, por qualquer meio ou razão, devem atender ao que estabelece o disposto no item 10.6.

10.6 - SEGURANÇA EM INSTALAÇÕES ELÉTRICAS ENERGIZADAS

10.6.1 As intervenções em instalações elétricas com tensão igual ou superior a 50 Volts em corrente alternada ou superior a 120 Volts em corrente contínua somente podem ser realizadas por trabalhadores que atendam ao que estabelece o item 10.8 desta Norma.

23. Transcrição da NR 10

10.6.1.1 Os trabalhadores de que trata o item anterior devem receber treinamento de segurança para trabalhos com instalações elétricas energizadas, com currículo mínimo, carga horária e demais determinações estabelecidas no Anexo II desta NR.

10.6.1.2 As operações elementares como ligar e desligar circuitos elétricos, realizadas em baixa tensão, com materiais e equipamentos elétricos em perfeito estado de conservação, adequados para operação, podem ser realizadas por qualquer pessoa não advertida.

10.6.2 Os trabalhos que exigem o ingresso na zona controlada devem ser realizados mediante procedimentos específicos respeitando as distâncias previstas no Anexo I.

10.6.3 Os serviços em instalações energizadas, ou em suas proximidades devem ser suspensos de imediato na iminência de ocorrência que possa colocar os trabalhadores em perigo.

10.6.4 Sempre que inovações tecnológicas forem implementadas ou para a entrada em operações de novas instalações ou equipamentos elétricos devem ser previamente elaboradas análises de risco, desenvolvidas com circuitos desenergizados, e respectivos procedimentos de trabalho.

10.6.5 O responsável pela execução do serviço deve suspender as atividades quando verificar situação ou condição de risco não prevista, cuja eliminação ou neutralização imediata não seja possível.

10.7 - TRABALHOS ENVOLVENDO ALTA-TENSÃO (AT)

10.7.1 Os trabalhadores que intervenham em instalações elétricas energizadas com alta-tensão, que exerçam suas atividades dentro dos limites estabelecidos como zonas controladas e de risco, conforme Anexo I, devem atender ao disposto no item 10.8 desta NR.

10.7.2 Os trabalhadores de que trata o item 10.7.1 devem receber treinamento de segurança, específico em segurança no Sistema Elétrico de Potência (SEP) e em suas proximidades, com currículo mínimo, carga horária e demais determinações estabelecidas no Anexo II desta NR.

10.7.3 Os serviços em instalações elétricas energizadas em AT, bem como aqueles executados no Sistema Elétrico de Potência – SEP, não podem ser realizados individualmente.

10.7.4 Todo trabalho em instalações elétricas energizadas em AT, bem como aquelas que interajam com o SEP, somente pode ser realizado mediante ordem de serviço específica para data e local, assinada por superior responsável pela área.

10.7.5 Antes de iniciar trabalhos em circuitos energizados em AT, o superior imediato e a equipe, responsáveis pela execução do serviço, devem realizar uma avaliação prévia, estudar e planejar as atividades e ações a serem desenvolvidas de forma a atender os princípios técnicos básicos e as melhores técnicas de segurança em eletricidade aplicáveis ao serviço.

10.7.6 Os serviços em instalações elétricas energizadas em AT somente podem ser realizados quando houver procedimentos específicos, detalhados e assinados por profissional autorizado.

10.7.7 A intervenção em instalações elétricas energizadas em AT dentro dos limites estabelecidos como zona de risco, conforme Anexo I desta NR, somente pode ser realizada mediante a desativação, também conhecida como bloqueio, dos conjuntos e dispositivos de religamento automático do circuito, sistema ou equipamento.

10.7.7.1 Os equipamentos e dispositivos desativados devem ser sinalizados com identificação da condição de desativação, conforme procedimento de trabalho específico padronizado.

10.7.8 Os equipamentos, ferramentas e dispositivos isolantes ou equipados com materiais isolantes, destinados ao trabalho em alta-tensão, devem ser submetidos a testes elétricos ou ensaios de laboratório periódicos, obedecendo-se as especificações do fabricante, os procedimentos da empresa e na ausência desses, anualmente.

10.7.9 Todo trabalhador em instalações elétricas energizadas em AT, bem como aqueles envolvidos em atividades no SEP devem dispor de equipamento que permita a comunicação permanente com os demais membros da equipe ou com o centro de operação durante a realização do serviço.

10.8 - HABILITAÇÃO, QUALIFICAÇÃO, CAPACITAÇÃO E AUTORIZAÇÃO DOS TRABALHADORES

10.8.1 É considerado trabalhador qualificado aquele que comprovar conclusão de curso específico na área elétrica reconhecido pelo Sistema Oficial de Ensino.

10.8.2 É considerado profissional legalmente habilitado o trabalhador previamente qualificado e com registro no competente conselho de classe.

10.8.3 É considerado trabalhador capacitado aquele que atenda às seguintes condições, simultaneamente:

a) receba capacitação sob orientação e responsabilidade de profissional habilitado e autorizado; e

b) trabalhe sob a responsabilidade de profissional habilitado e autorizado.

10.8.3.1 A capacitação só terá validade para a empresa que o capacitou e nas condições estabelecidas pelo profissional habilitado e autorizado responsável pela capacitação.

23. Transcrição da NR 10

10.8.4 São considerados autorizados os trabalhadores qualificados ou capacitados e os profissionais habilitados, com anuência formal da empresa.

10.8.5 A empresa deve estabelecer sistema de identificação que permita a qualquer tempo conhecer a abrangência da autorização de cada trabalhador, conforme o item 10.8.4.

10.8.6 Os trabalhadores autorizados a trabalhar em instalações elétricas devem ter essa condição consignada no sistema de registro de empregado da empresa.

10.8.7 Os trabalhadores autorizados a intervir em instalações elétricas devem ser submetidos a exame de saúde compatível com as atividades a serem desenvolvidas, realizado em conformidade com a NR 7 e registrado em seu prontuário médico.

10.8.8 Os trabalhadores autorizados a intervir em instalações elétricas devem possuir treinamento específico sobre os riscos decorrentes do emprego da energia elétrica e as principais medidas de prevenção de acidentes em instalações elétricas, de acordo com o estabelecido no Anexo II desta NR.

10.8.8.1 A empresa concederá autorização na forma desta NR aos trabalhadores capacitados ou qualificados e aos profissionais habilitados que tenham participado com avaliação e aproveitamento satisfatórios dos cursos constantes do ANEXO II desta NR.

10.8.8.2 Deve ser realizado um treinamento de reciclagem bienal e sempre que ocorrer alguma das situações a seguir:

a)   troca de função ou mudança de empresa;

b)   retorno de afastamento ao trabalho ou inatividade, por período superior a três meses;

c)   modificações significativas nas instalações elétricas ou troca de métodos, processos e organização do trabalho.

10.8.8.3 A carga horária e o conteúdo programático dos treinamentos de reciclagem destinados ao atendimento das alíneas "a", "b" e "c" do item 10.8.8.2 devem atender as necessidades da situação que o motivou.

10.8.8.4 Os trabalhos em áreas classificadas devem ser precedidos de treinamento especifico de acordo com risco envolvido.

10.8.9 Os trabalhadores com atividades não relacionadas às instalações elétricas desenvolvidas em zona livre e na vizinhança da zona controlada, conforme define esta NR, devem ser instruídos formalmente com conhecimentos que permitam identificar e avaliar seus possíveis riscos e adotar as precauções cabíveis.

10.9 - PROTEÇÃO CONTRA INCÊNDIO E EXPLOSÃO

10.9.1 As áreas onde houver instalações ou equipamentos elétricos devem ser dotadas de proteção contra incêndio e explosão, conforme dispõe a NR 23 – Proteção Contra Incêndios.

10.9.2 Os materiais, peças, dispositivos, equipamentos e sistemas destinados à aplicação em instalações elétricas de ambientes com atmosferas potencialmente explosivas devem ser avaliados quanto à sua conformidade, no âmbito do Sistema Brasileiro de Certificação.

10.9.3 Os processos ou equipamentos susceptíveis de gerar ou acumular eletricidade estática devem dispor de proteção específica e dispositivos de descarga elétrica.

10.9.4 Nas instalações elétricas de áreas classificadas ou sujeitas a risco acentuado de incêndio ou explosões, devem ser adotados dispositivos de proteção, como alarme e seccionamento automático para prevenir sobretensões, sobrecorrentes, falhas de isolamento, aquecimentos ou outras condições anormais de operação.

10.9.5 Os serviços em instalações elétricas nas áreas classificadas somente poderão ser realizados mediante permissão para o trabalho com liberação formalizada, conforme estabelece o item 10.5 ou supressão do agente de risco que determina a classificação da área.

10.10 - SINALIZAÇÃO DE SEGURANÇA

10.10.1 Nas instalações e serviços em eletricidade deve ser adotada sinalização adequada de segurança, destinada à advertência e à identificação, obedecendo ao disposto na NR-26 – Sinalização de Segurança, de forma a atender, dentre outras, as situações a seguir:

a) identificação de circuitos elétricos;

b) travamentos e bloqueios de dispositivos e sistemas de manobra e comandos;

c) restrições e impedimentos de acesso;

d) delimitações de áreas;

e) sinalização de áreas de circulação, de vias públicas, de veículos e de movimentação de cargas;

f) sinalização de impedimento de energização;

g) identificação de equipamento ou circuito impedido.

10.11 - PROCEDIMENTOS DE TRABALHO

10.11.1 Os serviços em instalações elétricas devem ser planejados e realizados em conformidade com procedimentos de trabalho específicos, padronizados, com descrição detalhada de cada tarefa, passo a passo, assinados por profissional que atenda ao que estabelece o item 10.8 desta NR.

10.11.2 Os serviços em instalações elétricas devem ser precedidos de ordens de serviço específicas, aprovadas por trabalhador autorizado, contendo, no mínimo, o tipo, a data, o local e as referências aos procedimentos de trabalho a serem adotados.

10.11.3 Os procedimentos de trabalho devem conter, no mínimo, objetivo, campo de aplicação, base técnica, competências e responsabilidades, disposições gerais, medidas de controle e orientações finais.

10.11.4 Os procedimentos de trabalho, o treinamento de segurança e saúde e a autorização de que trata o item 10.8 devem ter a participação em todo processo de desenvolvimento do Serviço Especializado de Engenharia de Segurança e Medicina do Trabalho - SESMT, quando houver.

10.11.5 A autorização referida no item 10.8 deve estar em conformidade com o treinamento ministrado, previsto no Anexo II desta NR.

10.11.6 Toda equipe deverá ter um de seus trabalhadores indicado e em condições de exercer a supervisão e condução dos trabalhos.

10.11.7 Antes de iniciar trabalhos em equipe os seus membros, em conjunto com o responsável pela execução do serviço, devem realizar uma avaliação prévia, estudar e planejar as atividades e ações a serem desenvolvidas no local, de forma a atender os princípios técnicos básicos e as melhores técnicas de segurança aplicáveis ao serviço.

10.11.8 A alternância de atividades deve considerar a análise de riscos das tarefas e a competência dos trabalhadores envolvidos, de forma a garantir a segurança e a saúde no trabalho.

10.12 - SITUAÇÃO DE EMERGÊNCIA

10.12.1 As ações de emergência que envolvam as instalações ou serviços com eletricidade devem constar do plano de emergência da empresa.

10.12.2 Os trabalhadores autorizados devem estar aptos a executar o resgate e prestar primeiros socorros a acidentados, especialmente por meio de reanimação cardiorrespiratória.

10.12.3 A empresa deve possuir métodos de resgate padronizados e adequados às suas atividades, disponibilizando os meios para a sua aplicação.

10.12.4 Os trabalhadores autorizados devem estar aptos a manusear e operar equipamentos de prevenção e combate a incêndio existentes nas instalações elétricas.

10.13 - RESPONSABILIDADES

10.13.1 As responsabilidades quanto ao cumprimento desta NR são solidárias aos contratantes e contratados envolvidos.

10.13.2 É de responsabilidade dos contratantes manter os trabalhadores informados sobre os riscos a que estão expostos, instruindo-os quanto aos procedimentos e medidas de controle contra os riscos elétricos a serem adotados.

10.13.3 Cabe à empresa, na ocorrência de acidentes de trabalho envolvendo instalações e serviços em eletricidade, propor e adotar medidas preventivas e corretivas.

10.13.4 Cabe aos trabalhadores:

a) zelar pela sua segurança e saúde e a de outras pessoas que possam ser afetadas por suas ações ou omissões no trabalho;

b) responsabilizar-se junto com a empresa pelo cumprimento das disposições legais e regulamentares, inclusive quanto aos procedimentos internos de segurança e saúde; e

c) comunicar, de imediato, ao responsável pela execução do serviço as situações que considerar de risco para sua segurança e saúde e a de outras pessoas.

10.14 - DISPOSIÇÕES FINAIS

10.14.1 Os trabalhadores devem interromper suas tarefas exercendo o direito de recusa, sempre que constatarem evidências de riscos graves e iminentes para sua segurança e saúde ou a de outras pessoas, comunicando imediatamente o fato a seu superior hierárquico, que diligenciará as medidas cabíveis.

10.14.2 As empresas devem promover ações de controle de riscos originados por outrem em suas instalações elétricas e oferecer, de imediato, quando cabível, denúncia aos órgãos competentes.

10.14.3 Na ocorrência do não cumprimento das normas constantes nesta NR, o MTE adotará as providências estabelecidas na NR 3.

10.14.4 A documentação prevista nesta NR deve estar permanentemente à disposição dos trabalhadores que atuam em serviços e instalações elétricas, respeitadas as abrangências, limitações e interferências nas tarefas.

10.14.5 A documentação prevista nesta NR deve estar, permanentemente, à disposição das autoridades competentes.

10.14.6 Esta NR não é aplicável a instalações elétricas alimentadas por extrabaixa tensão.

GLOSSÁRIO

1. Alta-Tensão (AT): tensão superior a 1000 volts em corrente alternada ou 1500 volts em corrente contínua, entre fases ou entre fase e terra.

2. Área Classificada: local com potencialidade de ocorrência de atmosfera explosiva.

3. Aterramento Elétrico Temporário: ligação elétrica efetiva confiável e adequada intencional à terra, destinada a garantir a equipotencialidade e mantida continuamente durante a intervenção na instalação elétrica.

4. Atmosfera Explosiva: mistura com o ar, sob condições atmosféricas, de substâncias inflamáveis na forma de gás, vapor, névoa, poeira ou fibras, na qual após a ignição a combustão se propaga.

5. Baixa Tensão (BT): tensão superior a 50 volts em corrente alternada ou 120 volts em corrente contínua e igual ou inferior a 1000 volts em corrente alternada ou 1500 volts em corrente contínua, entre fases ou entre fase e terra.

6. Barreira: dispositivo que impede qualquer contato com partes energizadas das instalações elétricas.

7. Direito de Recusa: instrumento que assegura ao trabalhador a interrupção de uma atividade de trabalho por considerar que ela envolve grave e iminente risco para sua segurança e saúde ou de outras pessoas.

8. Equipamento de Proteção Coletiva (EPC): dispositivo, sistema, ou meio, fixo ou móvel de abrangência coletiva, destinado a preservar a integridade física e a saúde dos trabalhadores, usuários e terceiros.

9. Equipamento Segregado: equipamento tornado inacessível por meio de invólucro ou barreira.

10. Extrabaixa Tensão (EBT): tensão não superior a 50 volts em corrente alternada ou 120 volts em corrente contínua, entre fases ou entre fase e terra.

11. Influências Externas: variáveis que devem ser consideradas na definição e seleção de medidas de proteção para segurança das pessoas e desempenho dos componentes da instalação.

12. Instalação Elétrica: conjunto das partes elétricas e não elétricas associadas e com características coordenadas entre si, que são necessárias ao funcionamento de uma parte determinada de um sistema elétrico.

13. Instalação Liberada para Serviços (BT/AT): aquela que garanta as condições de segurança ao trabalhador por meio de procedimentos e equipamentos adequados desde o início até o final dos trabalhos e liberação para uso.

14. Impedimento de Reenergização: condição que garante a não energização do circuito através de recursos e procedimentos apropriados, sob controle dos trabalhadores envolvidos nos serviços.

15. Invólucro: envoltório de partes energizadas destinado a impedir qualquer contato com partes internas.

16. Isolamento Elétrico: processo destinado a impedir a passagem de corrente elétrica, por interposição de materiais isolantes.

17. Obstáculo: elemento que impede o contato acidental, mas não impede o contato direto por ação deliberada.

18. Perigo: situação ou condição de risco com probabilidade de causar lesão física ou dano à saúde das pessoas por ausência de medidas de controle.

19. Pessoa Advertida: pessoa informada ou com conhecimento suficiente para evitar os perigos da eletricidade.

20. Procedimento: sequência de operações a serem desenvolvidas para realização de um determinado trabalho, com a inclusão dos meios materiais e humanos, medidas de segurança e circunstâncias que impossibilitem sua realização.

21. Prontuário: sistema organizado de forma a conter uma memória dinâmica de informações pertinentes às instalações e aos trabalhadores.

22. Risco: capacidade de uma grandeza com potencial para causar lesões ou danos à saúde das pessoas.

23. Riscos Adicionais: todos os demais grupos ou fatores de risco, além dos elétricos, específicos de cada ambiente ou processos de Trabalho que, direta ou indiretamente, possam afetar a segurança e a saúde no trabalho.

24. Sinalização: procedimento padronizado destinado a orientar, alertar, avisar e advertir.

25. Sistema Elétrico: circuito ou circuitos elétricos inter-relacionados destinados a atingir um determinado objetivo.

26. Sistema Elétrico de Potência (SEP): conjunto das instalações e equipamentos destinados à geração, transmissão e distribuição de energia elétrica até a medição, inclusive.

27. Tensão de Segurança: extrabaixa tensão originada em uma fonte de segurança.

28. Trabalho em Proximidade: trabalho durante o qual o trabalhador pode entrar na zona controlada, ainda que seja com uma parte do seu corpo ou com extensões condutoras, representadas por materiais, ferramentas ou equipamentos que manipule.

29. Travamento: ação destinada a manter, por meios mecânicos, um dispositivo de manobra fixo numa determinada posição, de forma a impedir uma operação não autorizada.

30. Zona de Risco: entorno de parte condutora energizada, não segregada, acessível inclusive acidentalmente, de dimensões estabelecidas de acordo com o

nível de tensão, cuja aproximação só é permitida a profissionais autorizados e com a adoção de técnicas e instrumentos apropriados de trabalho.

31. Zona Controlada: entorno de parte condutora energizada, não segregada, acessível, de dimensões estabelecidas de acordo com o nível de tensão, cuja aproximação só é permitida a profissionais autorizados.

ANEXO I

ZONA DE RISCO E ZONA CONTROLADA

Tabela de raios de delimitação de zonas de risco, controlada e livre.

Faixa de tensão nominal da instalação elétrica em kV	Rr - Raio de delimitação entre zona de risco e controlada em metros	Rc - Raio de delimitação entre zona controlada e livre em metros
<1	0,20	0,70
≥1 e <3	0,22	1,22
≥3 e <6	0,25	1,25
≥6 e <10	0,35	1,35
≥10 e <15	0,38	1,38
≥15 e <20	0,40	1,40
≥20 e <30	0,56	1,56
≥30 e <36	0,58	1,58
≥36 e <45	0,63	1,63
≥45 e <60	0,83	1,83
≥60 e <70	0,90	1,90
≥70 e <110	1,00	2,00
≥110 e <132	1,10	3,10
≥132 e <150	1,20	3,20
≥150 e <220	1,60	3,60
≥220 e <275	1,80	3,80
≥275 e <380	2,50	4,50
≥380 e <480	3,20	5,20
≥480 e <700	5,20	7,20

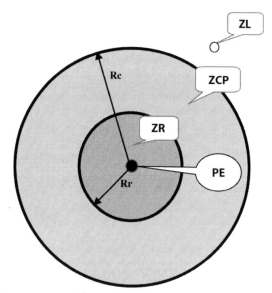

Figura 1 - Distâncias no ar que delimitam radialmente as zonas de risco, controlada e livre

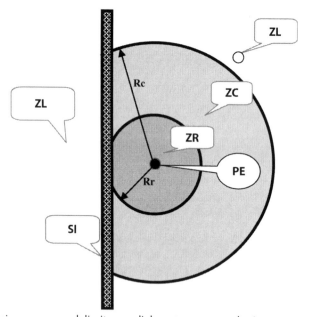

Figura 2 - Distâncias no ar que delimitam radialmente as zonas de risco, controlada e livre, com interposição de superfície de separação física adequada.

ZL = Zona livre
ZC = Zona controlada, restrita a trabalhadores autorizados.
ZR = Zona de risco, restrita a trabalhadores autorizados e com a adoção de técnicas, instrumentos e equipamentos apropriados ao trabalho.
PE = Ponto da instalação energizado.
SI = Superfície isolante construída com material resistente e dotada de todos dispositivos de segurança.

ANEXO II

TREINAMENTO

1. CURSO BÁSICO – SEGURANÇA EM INSTALAÇÕES E SERVIÇOS COM ELETRICIDADE

I - Para os trabalhadores autorizados: carga horária mínima – 40h:

Programação Mínima:

1. introdução à segurança com eletricidade.
2. riscos em instalações e serviços com eletricidade:
   a) o choque elétrico, mecanismos e efeitos;
   b) arcos elétricos; queimaduras e quedas;
   c) campos eletromagnéticos.
3. Técnicas de Análise de Risco.
4. Medidas de Controle do Risco Elétrico:
   a) desenergização.
   b) aterramento funcional (TN/TT/IT); de proteção; temporário;
   c) equipotencialização;
   d) seccionamento automático da alimentação;
   e) dispositivos a corrente de fuga;
   f) extrabaixa tensão;
   g) barreiras e invólucros;
   h) bloqueios e impedimentos;
   i) obstáculos e anteparos;
   j) isolamento das partes vivas;
   k) isolação dupla ou reforçada;
   l) colocação fora de alcance;
   m) separação elétrica.
5. Normas Técnicas Brasileiras – NBR da ABNT: NBR-5410, NBR 14039 e outras;
6. Regulamentações do MTE:
   a) NRs;
   b) NR-10 (Segurança em Instalações e Serviços com Eletricidade);

c) qualificação; habilitação; capacitação e autorização.

7. Equipamentos de proteção coletiva.

8. Equipamentos de proteção individual.

9. Rotinas de trabalho – Procedimentos.

   a) instalações desenergizadas;

   b) liberação para serviços;

   c) sinalização;

   d) inspeções de áreas, serviços, ferramental e equipamento;

10. Documentação de instalações elétricas.

11. Riscos adicionais:

    a) altura;

    b) ambientes confinados;

    c) áreas classificadas;

    d) umidade;

    e) condições atmosféricas.

12. Proteção e combate a incêndios:

    a) noções básicas;

    b) medidas preventivas;

    c) métodos de extinção;

    d) prática;

13. Acidentes de origem elétrica:

    a) causas diretas e indiretas;

    b) discussão de casos;

14. Primeiros socorros:

    a) noções sobre lesões;

    b) priorização do atendimento;

    c) aplicação de respiração artificial;

    d) massagem cardíaca;

    e) técnicas para remoção e transporte de acidentados;

    f) práticas.

15. Responsabilidades.

2. CURSO COMPLEMENTAR – SEGURANÇA NO SISTEMA ELÉTRICO DE POTÊNCIA (SEP) E EM SUAS PROXIMIDADES.

É pré-requisito para frequentar este curso complementar, ter participado, com aproveitamento satisfatório, do curso básico definido anteriormente.

Carga horária mínima – 40h

(*) Estes tópicos deverão ser desenvolvidos e dirigidos especificamente para as condições de trabalho características de cada ramo, padrão de operação, de nível de tensão e de outras peculiaridades específicas ao tipo ou condição especial de atividade, sendo obedecida a hierarquia no aperfeiçoamento técnico do trabalhador.

I - Programação Mínima:

1. Organização do Sistema Elétrico de Potencia – SEP.

2. Organização do trabalho:

    a) programação e planejamento dos serviços;

    b) trabalho em equipe;

    c) prontuário e cadastro das instalações;

    d) métodos de trabalho; e

    e) comunicação.

3. Aspectos comportamentais.

4. Condições impeditivas para serviços.

5. Riscos típicos no SEP e sua prevenção (*):

    a) proximidade e contatos com partes energizadas;

    b) indução;

    c) descargas atmosféricas;

    d) estática;

    e) campos elétricos e magnéticos;

    f) comunicação e identificação; e

    g) trabalhos em altura, máquinas e equipamentos especiais.

6. Técnicas de análise de Risco no S E P (*)

7. Procedimentos de trabalho – análise e discussão. (*)

8. Técnicas de trabalho sob tensão: (*)

    a) em linha viva;

    b) ao potencial;

c) em áreas internas;

d) trabalho a distância;

e) trabalhos noturnos; e

f) ambientes subterrâneos.

9. Equipamentos e ferramentas de trabalho (escolha, uso, conservação, verificação, ensaios) (*).

10. Sistemas de proteção coletiva (*).

11. Equipamentos de proteção individual (*).

12. Posturas e vestuários de trabalho (*).

13. Segurança com veículos e transporte de pessoas, materiais e equipamentos(*).

14. Sinalização e isolamento de áreas de trabalho(*).

15. Liberação de instalação para serviço e para operação e uso (*).

16. Treinamento em técnicas de remoção, atendimento, transporte de acidentados (*).

17. Acidentes típicos (*) – Análise, discussão, medidas de proteção.

18. Responsabilidades (*).

24 ÍNDICE DE ASSUNTOS

acompanhando o funcionamento do sistema predial, 57

analogia sistemas hidráulicos e elétricos, 115

aparelhos, 35

armadura do concreto das fundações

aterramento, 46

benjamim, 114

caixas de passagem, 29

canteiro de obra, 95

captores, 51

captores com atração aumentada, 53

chegada da energia elétrica nas edificações, 15

chuveiro elétrico, 36

circuito paralelo, 44

como contratar os serviços de instalação elétrica, 65

condutor de proteção, 48

condutores, 27

descidas, 52

diferenças neutro e condutor de proteção, 47, 48

disjuntor – dispositivo de proteção contra sobrecorrente, 31

dispositivo de proteção a corrente diferencial residual (DR), 32

dispositivos de proteção contra surtos (DPS), 33

divisão em circuitos, 41

documentação técnica, 53

DPS, 33

DR, 32

eletrodo de aterramento, 46

eletrodutos, 28

emendas, 37

entendendo as unidades de medidas elétricas, 119

equipotencializadores, 49

erros em instalações elétricas, 71

esquemas de aterramento, 45

inspeção dos para-raios, 53

instalação em banheiros, 55

interpretando os dados de uma lâmpada incandescente, 113

interpretando uma conta de luz, 61

interruptores, 30

lâmpada fluorescente, 36

lâmpada incandescente, 36

laudo técnico pequeno prédio, 111

neutro, 47

normas aplicáveis, 117

NR 10, 133

o tempo e as instalações elétricas, 115

para-raios, 51

para-raios em residências, 54

partes e componentes da instalação elétrica, 23

patinhos feios, 114

perguntas e respostas instalações elétricas, 75

perícias em instalações elétricas, 89

projeto caso I, 121

projeto caso II, 123

projeto caso III, 131

quadros de distribuição, 25

rádios, 37

relógio de luz, 57

resistência de terra, 53

seccionadoras, 30

SELV, 56

simbologia de desenhos técnicos, 87

sumário de eletrodinâmica, 101

tensão nominal, 78

termos técnicos, 99

teste e recebimento de uma instalação elétrica, 69

tomadas, 34

tv, 37

unidades de medida, 119

vamos acompanhar o funcionamento do sistema predial, 57

ventiladores, 37

CONTATO COM OS AUTORES

Os autores, Engenheiro Manoel Henrique Campos Botelho e Engenheiro Márcio Antônio de Figueiredo, têm o maior interesse em saber a opinião do público leitor sobre este livro, *Instalações Elétricas Residênciais básicas para e profissionais da Construção Civil.*

Para se comunicar com os autores e dar sua opinião, solicitamos preencher e nos enviar, via internet, o questionário a seguir.

Eng. Manoel Henrique Campos Botelho
manoelbotelho@terra.com.br

Eng. Márcio Antônio de Figueiredo
enertec@uol.com.br

1 – Você gostou deste livro? Foi útil, de alguma forma?

Não.......................... Gostei....................... Gostei muito....................

2 – Que comentários você faria para a preparação da 2.ª edição deste livro?

....
....
....

3 – Sugira, por favor, temas de novos livros técnicos que, a seu ver, seriam úteis.

....
....
....

Dê, por favor, seus dados:

Nome ....

Form. profissional...Ano de formatura....................

e-mail ....

Endereço ....

Cidade..Estado.........Cep..........................

Data........./........../...........

O autor M. H. C. Botelho promete enviar, via Internet, duas crônicas elétricas para quem responder a este e-mail.

Livros do Prof. Manoel H. C. Botelho

Editora Edgard Blücher Ltda

- *Concreto Armado, Eu te Amo*, volume 1, 6.ª edição (05/2010) mais de 500 páginas
- *Concreto Armado, Eu te Amo*, volume 2, 3.ª edição (01/2011) mais de 330 páginas
- *Águas de Chuva – Engenharia das águas pluviais nas cidades*, 3.ª edição mais de 290 páginas
- *Resistência dos Materiais para Entender e Gostar*, mais de 2340 páginas
- *Manual de Primeiros Socorros do Engenheiro e do Arquiteto*, 2.ª edição revista e ampliada, mais de 270 páginas
- *Operação de Caldeiras – Gerenciamento, Controle e Manutenção*, mais de 200 páginas
- *Concreto Armado, Eu te Amo para Arquitetos*, 240 páginas
- *Instalações Hidráulicas Prediais usando Tubos de PVC e PPR*, 360 páginas
- *Quatro Edifícios, Cinco Locais de Implantação, Vinte Soluções de Fundações*, 166 páginas

**Livros escritos em linguagem botelhana,
linguagem prática e direta**

■